人工智能
AI绘画、设计与视频
从入门到精通

AI

海川 ◎ 编著

Midjourney + Stable Diffusion + Photoshop + 即梦Dreamina

化学工业出版社

·北京·

内 容 简 介

本书结合了顶尖的AI绘画工具Midjourney和Stable Diffusion，以及行业标杆的图像处理工具Photoshop和AI视频工具剪映即梦Dreamina，全面助力读者掌握AI绘画、AI设计与AI视频创作的核心技能，进而在视觉创作领域中脱颖而出。本书内容由12章构成，涵盖107个实用技巧和方法，并通过614张图解和丰富的附赠资源（包括143分钟教学视频、22个习题解答、66个素材文件、203个效果文件和102组AI提示词）详细展示技术应用，让读者能够轻松创作出惊艳的AI作品，进而获得AI商业市场的认可。

本书详细内容包括：Midjourney的操作精粹、Stable Diffusion的创作技巧、Photoshop的高级图像处理功能，以及即梦Dreamina在视频制作中的应用。每一部分都结合了实战案例，如AI广告设计、AI电商模特设计、AI摄影后期处理和AI电影预告片制作，帮助你精确掌握各项技术并在实际工作中运用。

本书不仅适合对生成式人工智能（AIGC）技术感兴趣的初学者和专业人士，也适用于艺术家、设计师、电商美工人员、短视频博主、动画制作人员等各类商业设计从业者，是提升实际操作技能和创作水平的理想选择。此外，本书还可以作为相关培训机构和职业院校的参考教材。

图书在版编目(CIP)数据

人工智能：AI绘画、设计与视频从入门到精通：
Midjourney+Stable Diffusion+Photoshop+即梦
Dreamina / 海川编著. -- 北京 ： 化学工业出版社，
2024. 10. -- ISBN 978-7-122-46124-7

Ⅰ．TP391.413

中国国家版本馆CIP数据核字第2024LT1300号

责任编辑：李 辰 孙 炜　　　　　　　　　封面设计：异一设计
责任校对：赵懿桐　　　　　　　　　　　　装帧设计：盟诺文化

出版发行：化学工业出版社（北京市东城区青年湖南街13号　邮政编码100011）
印　　装：天津裕同印刷有限公司
710mm×1000mm　1/16　印张15¼　字数292千字　2024年10月北京第1版第1次印刷

购书咨询：010-64518888　　　　　　　　　售后服务：010-64518899
网　　址：http://www.cip.com.cn
凡购买本书，如有缺损质量问题，本社销售中心负责调换。

定　　价：99.00元

前　言

◎ 写作驱动

在数字化时代的浪潮中，人工智能技术已经渗透到了人们生活的方方面面，尤其是在艺术创作与设计领域，它所带来的变革更是令人瞩目。AI不仅为艺术家与设计师们提供了全新的创作工具，更为整个商业领域开辟了一片新的蓝海。

根据Markets and Markets市场研究与咨询公司发布的数据显示，2023年全球AI市场规模为1502亿美元，预计2023年至2030年复合增长率为36.8%。这一数字不仅显示了AI在各领域的广泛应用，更预示了其在未来商业市场中的巨大潜力。

这本书的诞生，正是为了迎合这一时代的需求，帮助读者全面理解并掌握AI绘画与设计的核心技术，以及如何将它们应用到商业实践中。本书的核心内容围绕着4大主题展开：Midjourney、Stable Diffusion、Photoshop与即梦Dreamina。Midjourney和Stable Diffusion是近年来在AI绘画与设计领域备受瞩目的工具，它们为艺术家和设计师提供了强大的创作支持；而Photoshop则作为一款经典的图像处理软件，更是设计师们的必备工具；即梦Dreamina则是剪映官方推出的AI视频工具，可以一站式满足读者创作图片与视频的需求。

本书将深入探讨这4款工具的结合与应用，帮助读者了解它们的特点和使用方法，并逐步引导读者掌握AI绘画、AI设计、AI视频的核心技术，并通过实例分析，让读者更好地理解如何将它们应用到商业实践中。

◎ 本书特色

本书不仅详细介绍了Midjourney+Stable Diffusion+Photoshop+即梦Dreamina这4大工具的使用方法，还通过丰富的实例，向读者展示了如何将它们结合应用，从而在商业设计中发挥出最大的价值。本书特色如下。

（1）全面覆盖，4大热门AI工具：本书不仅介绍了Midjourney和Stable Diffusion的基本原理和使用方法，还深入剖析了Photoshop在AI绘画与设计中的关键作用，以及用即梦生成短视频的方法，为读者提供一站式的学习体验。

（2）物超所值，5大超值资源赠送：为了给读者带来前所未有的学习体验，精心准备了5大超值资源赠送给读者，这些资源包括：同步教学视频+AI提示词+素材文件+效果文件+习题答案等，读者用手机扫码即可获得。

（3）商业视角，13大综合案例实战：本书不仅关注技术层面，更从商业角度出发，为读者解析如何将AI技术应用于实际商业项目中，实现商业价值最大化。

（4）实战导向，143分钟视频讲解：本书注重实用性和操作性，通过大量的案例分析和操作步骤，让读者能够沉浸式学习、亲自动手实践，从而更好地掌握所学内容。

（5）图文并茂，614张图片全程图解：本书采用图文并茂的排版方式，让读者在阅读过程中更加直观、清晰地理解技术要点和操作步骤。

总之，本书不仅是一本全面、系统的AI绘画+AI设计+AI视频创作指南，更是一本能够帮助读者在商业市场中脱颖而出的实战手册。我们期待，通过学习本书，读者不仅能够掌握AI绘画与设计的核心技术，更能够轻松应对各种复杂的商业设计需求。

◎ **温馨提示**

（1）版本更新：在编写本书时，是基于当前各种AI工具和网页平台的界面截取的实际操作图片，但本书从编辑到出版需要一段时间，这些工具的功能和界面可能会有变动，请在阅读时，根据书中的思路，举一反三，灵活学习。其中，Midjourney的版本为v6，Stable Diffusion的版本为1.6.1，Photoshop的版本为2024（25.3.1）。

（2）提示词：也称为提示、文本描述（或描述）、文本指令（或指令）、关键词或"咒语"等。需要注意的是，即使是相同的提示词，AI模型每次生成的文案、图像或视频效果也会有差别，这是模型基于算法与算力得出的新结果，是正常的，所以大家看到书里的截图和视频与自己生成的有所区别，包括大家用同样的提示词，自己再制作时，出来的效果也会有差异。

（3）特别提醒：在使用本书进行学习时，读者需要注意实践操作的重要性，只有通过实践操作，才能更好地掌握AI绘画+AI设计+AI视频的应用技巧。

◎ 资源获取

如果读者需要获取书中案例的素材和课件，请使用微信"扫一扫"功能按需扫描下列对应的二维码获取。

QQ 读者群　　　　　扫码看教学视频（样例）

目　录

【Midjourney 篇】

第 1 章　新手入门：使用 Midjourney 轻松生成 AI 画作 ⋯⋯⋯⋯⋯⋯ 1

1.1　认识 AI 绘画 ⋯⋯⋯⋯⋯⋯ 2

　　1.1.1　AI 绘画的基本定义 ⋯⋯⋯⋯⋯⋯ 2

　　1.1.2　AI 绘画的技术原理 ⋯⋯⋯⋯⋯⋯ 2

1.2　掌握 Midjourney 的基本操作 ⋯⋯⋯⋯⋯⋯ 5

　　1.2.1　Midjourney 的常用指令 ⋯⋯⋯⋯⋯⋯ 5

　　1.2.2　Midjourney 文生图 ⋯⋯⋯⋯⋯⋯ 6

　　1.2.3　Midjourney 图生图 ⋯⋯⋯⋯⋯⋯ 9

　　1.2.4　Midjourney 混合生图 ⋯⋯⋯⋯⋯⋯ 12

本章小结 ⋯⋯⋯⋯⋯⋯ 13

课后习题 ⋯⋯⋯⋯⋯⋯ 14

第 2 章　进阶技巧：MJ 指令设置和 AI 绘画功能 ⋯⋯⋯⋯⋯⋯ 15

2.1　Midjourney 的指令参数设置 ⋯⋯⋯⋯⋯⋯ 16

　　2.1.1　设置 Midjourney 模型版本 ⋯⋯⋯⋯⋯⋯ 16

　　2.1.2　设置图像的横纵比 ⋯⋯⋯⋯⋯⋯ 17

　　2.1.3　设置 AI 的创造能力 ⋯⋯⋯⋯⋯⋯ 17

　　2.1.4　设置 AI 的生成质量 ⋯⋯⋯⋯⋯⋯ 18

　　2.1.5　设置 AI 的风格化程度 ⋯⋯⋯⋯⋯⋯ 19

2.2　Midjourney 的高级绘画功能 ⋯⋯⋯⋯⋯⋯ 20

　　2.2.1　使用混音模式改图 ⋯⋯⋯⋯⋯⋯ 20

　　2.2.2　替换图中的人脸 ⋯⋯⋯⋯⋯⋯ 22

2.2.3 添加提示词标签 24

2.2.4 平移扩大图像 27

2.2.5 无限扩展图像 28

本章小结 30

课后习题 30

第 3 章 高手实战：使用 MJ 生成商业画作素材 31

3.1 AI LOGO 设计实战：美妆品牌 32

3.1.1 运用 ChatGPT 生成提示词 32

3.1.2 运用 Midjourney 生成 LOGO 33

3.2 AI 包装设计实战：钻石项链 34

3.2.1 生成项链包装效果图 35

3.2.2 通过种子重新生成图片 36

3.2.3 用 Upscale 提升图片质量 37

3.3 AI 插画设计实战：人物肖像 39

3.3.1 初步生成主体效果图 39

3.3.2 重新生成满意的效果图 40

本章小结 42

课后习题 42

【 Stable Diffusion 篇 】

第 4 章 快速上手：掌握文生图和图生图的功能 43

4.1 Stable Diffusion 文生图 44

4.1.1 设置采样方法提升出图效果 44

4.1.2 设置迭代步数提升画面精细度 46

4.1.3 设置高分辨率修复放大的图片 49

4.1.4 设置宽高参数改变图片尺寸 51

4.1.5 设置出图批次一次绘制多张图片 53

4.1.6 设置提示词引导系数让 AI 更听话 55

4.1.7 设置随机数种子复制和调整图片 57

4.1.8 设置变异随机种子控制出图效果 ⋯⋯⋯⋯⋯⋯⋯⋯⋯⋯⋯⋯ 59

4.2 Stable Diffusion 图生图 ⋯⋯⋯⋯⋯⋯⋯⋯⋯⋯⋯⋯⋯⋯⋯⋯⋯⋯⋯⋯ 61

4.2.1 使用图生图功能转换画面风格 ⋯⋯⋯⋯⋯⋯⋯⋯⋯⋯⋯⋯⋯ 61

4.2.2 使用涂鸦功能进行局部绘图 ⋯⋯⋯⋯⋯⋯⋯⋯⋯⋯⋯⋯⋯⋯ 64

4.2.3 使用局部重绘功能给人物换脸 ⋯⋯⋯⋯⋯⋯⋯⋯⋯⋯⋯⋯⋯ 66

4.2.4 使用涂鸦重绘功能更换元素颜色 ⋯⋯⋯⋯⋯⋯⋯⋯⋯⋯⋯ 68

4.2.5 使用上传重绘蒙版功能更换背景 ⋯⋯⋯⋯⋯⋯⋯⋯⋯⋯⋯ 70

本章小结 ⋯⋯⋯⋯⋯⋯⋯⋯⋯⋯⋯⋯⋯⋯⋯⋯⋯⋯⋯⋯⋯⋯⋯⋯⋯⋯⋯⋯ 72

课后习题 ⋯⋯⋯⋯⋯⋯⋯⋯⋯⋯⋯⋯⋯⋯⋯⋯⋯⋯⋯⋯⋯⋯⋯⋯⋯⋯⋯⋯ 73

第 5 章 进阶玩法: SD 模型的下载与提示词的用法 ⋯⋯⋯⋯⋯ 74

5.1 下载与使用 Stable Diffusion 模型 ⋯⋯⋯⋯⋯⋯⋯⋯⋯⋯⋯⋯⋯⋯ 75

5.1.1 通过启动器下载模型 ⋯⋯⋯⋯⋯⋯⋯⋯⋯⋯⋯⋯⋯⋯⋯⋯⋯ 75

5.1.2 通过网站下载模型 ⋯⋯⋯⋯⋯⋯⋯⋯⋯⋯⋯⋯⋯⋯⋯⋯⋯⋯ 77

5.1.3 通过大模型生成基础图像 ⋯⋯⋯⋯⋯⋯⋯⋯⋯⋯⋯⋯⋯⋯⋯ 79

5.1.4 通过 Embedding 模型微调图像 ⋯⋯⋯⋯⋯⋯⋯⋯⋯⋯⋯⋯ 83

5.1.5 通过 LoRA 模型固定画风 ⋯⋯⋯⋯⋯⋯⋯⋯⋯⋯⋯⋯⋯⋯⋯ 85

5.2 使用与反推 Stable Diffusion 提示词 ⋯⋯⋯⋯⋯⋯⋯⋯⋯⋯⋯⋯⋯ 88

5.2.1 通过正向提示词绘制画面内容 ⋯⋯⋯⋯⋯⋯⋯⋯⋯⋯⋯⋯⋯ 89

5.2.2 通过反向提示词排除画面内容 ⋯⋯⋯⋯⋯⋯⋯⋯⋯⋯⋯⋯⋯ 91

5.2.3 通过预设提示词快速生成图像 ⋯⋯⋯⋯⋯⋯⋯⋯⋯⋯⋯⋯⋯ 92

5.2.4 通过 CLIP 反推提示词 ⋯⋯⋯⋯⋯⋯⋯⋯⋯⋯⋯⋯⋯⋯⋯⋯ 95

5.2.5 通过 DeepBooru 反推提示词 ⋯⋯⋯⋯⋯⋯⋯⋯⋯⋯⋯⋯⋯ 97

5.2.6 通过 Tagger 反推提示词 ⋯⋯⋯⋯⋯⋯⋯⋯⋯⋯⋯⋯⋯⋯⋯ 98

本章小结 ⋯⋯⋯⋯⋯⋯⋯⋯⋯⋯⋯⋯⋯⋯⋯⋯⋯⋯⋯⋯⋯⋯⋯⋯⋯⋯⋯ 100

课后习题 ⋯⋯⋯⋯⋯⋯⋯⋯⋯⋯⋯⋯⋯⋯⋯⋯⋯⋯⋯⋯⋯⋯⋯⋯⋯⋯⋯ 101

第 6 章 高手实战: 使用 SD 生成商业绘画作品 ⋯⋯⋯⋯⋯⋯⋯ 102

6.1 AI 影楼广告设计实战: 古风人像 ⋯⋯⋯⋯⋯⋯⋯⋯⋯⋯⋯⋯⋯⋯ 103

6.1.1 绘制人物主体效果 ⋯⋯⋯⋯⋯⋯⋯⋯⋯⋯⋯⋯⋯⋯⋯⋯⋯⋯ 103

6.1.2 添加古风元素 ⋯⋯⋯⋯⋯⋯⋯⋯⋯⋯⋯⋯⋯⋯⋯⋯⋯⋯⋯⋯ 105

6.1.3　增加人物脸部细节 ·· 106

6.2　AI 商品图像设计实战：护肤品 ·· 107

6.2.1　选择合适的大模型 ·· 108

6.2.2　添加细节提示词 ·· 110

6.2.3　添加专用 LoRA 模型 ·· 111

6.2.4　开启高分辨率修复功能 ·· 112

6.2.5　使用 Depth 控制光影 ·· 114

6.3　AI 电商模特设计实战：可爱女装 ·· 116

6.3.1　制作骨骼姿势图 ·· 116

6.3.2　选择合适的模型 ·· 119

6.3.3　设置图生图生成参数 ·· 121

6.3.4　使用 ControlNet 控图 ·· 122

6.3.5　修复模特的脸部 ·· 124

6.3.6　融合图像效果 ·· 125

本章小结 ·· 128

课后习题 ·· 129

【Photoshop 篇】

第 7 章　基础操作：熟悉 Photoshop AI 绘画功能 ······························ 131

7.1　Photoshop AI 创成式填充 ·· 132

7.1.1　去除多余的图像元素 ·· 132

7.1.2　生成相应的图像元素 ·· 134

7.1.3　扩展图像画布 ·· 135

7.1.4　设计商品图片背景 ·· 137

7.1.5　去除广告图片中的文字 ·· 139

7.1.6　移除照片中的路人 ·· 140

7.1.7　重新生成广告主体 ·· 141

7.1.8　改变模特衣服样式 ·· 142

7.2　Photoshop AI 神经网络滤镜 ·· 143

7.2.1　运用"风景混合器"滤镜改变季节 ·· 143

7.2.2 运用"照片恢复"滤镜修复老照片 ··· 145

7.2.3 运用"超级缩放"滤镜无损放大图像 ·· 147

本章小结 ·· 149

课后习题 ·· 149

第 8 章　后期精通：用 AI 实现专业级的图像处理 ································ 151

8.1　Photoshop AI 智能抠图 ··· 152

8.1.1 运用"移除背景"按钮轻松抠图 ··· 152

8.1.2 运用"主体"命令实现快速抠图 ··· 153

8.1.3 运用"选择主体"按钮合成图像 ··· 155

8.1.4 运用"焦点区域"命令自动抠图 ··· 156

8.1.5 运用对象选择工具实现精准抠图 ··· 158

8.2　Photoshop AI 智能修图 ··· 159

8.2.1 运用移除工具一键抹除干扰元素 ··· 159

8.2.2 运用"内容识别填充"命令扩图 ··· 160

8.2.3 运用"天空替换"命令合成天空 ··· 162

8.2.4 运用内容感知描摹工具生成路径 ··· 163

8.2.5 运用"内容识别缩放"命令放大图像 ·· 166

8.2.6 运用透视裁剪工具校正倾斜的证书 ··· 168

8.2.7 运用 AI 减少杂色功能实现自动降噪 ··· 170

本章小结 ·· 172

课后习题 ·· 173

第 9 章　高手实战：运用 PS 设计商业作品实例 ······························· 174

9.1　AI 风光后期处理实战：山水美景 ·· 175

9.1.1 去除照片中的多余建筑 ··· 175

9.1.2 在画面中绘出溪流效果 ··· 176

9.1.3 增加图像中天空的层次感 ·· 177

9.2　AI 人像后期处理实战：美丽妆容 ·· 179

9.2.1 提升人物肌肤的质感 ··· 179

9.2.2 改变人物的妆容效果 ··· 180

9.2.3　增强头发的纹理感 ·· 182

9.3　AI 商业广告设计实战：汽车海报 ·················· 183

9.3.1　去除图像中多余的元素 ······································ 183

9.3.2　替换海报的天空效果 ·· 184

9.3.3　增强图像的暖色调效果 ······································ 185

本章小结 ··· 187

课后习题 ··· 188

【MJ+SD+PS 综合篇】

第 10 章　综合实战：3 大 AI 工具高效协同创作 ············ 189

10.1　案例效果欣赏：家居广告 ························· 190

10.2　使用 Midjourney 生成线稿图 ···················· 190

10.2.1　输入主体提示词生成场景图 ····························· 190

10.2.2　输入辅助提示词生成线稿图 ····························· 191

10.3　使用 Stable Diffusion 生成细节图 ··············· 193

10.3.1　使用 ControlNet 插件给线稿上色 ······················ 193

10.3.2　运用后期处理功能放大效果图 ························· 196

10.4　使用 Photoshop 进行综合设计 ···················· 198

10.4.1　智能修复图像中的瑕疵 ···································· 198

10.4.2　智能扩展图像画布内容 ···································· 199

【即梦 Dreamina 篇】

第 11 章　专业提升：即梦 AI 文生视频与图生视频 ··········· 201

11.1　掌握即梦的文生视频功能 ························· 202

11.1.1　通过描述词生成视频 ·· 202

11.1.2　设置文生视频的画面比例 ································· 207

11.2　掌握即梦的图生视频功能 ························· 208

11.2.1　通过一张图片生成视频 ···································· 209

11.2.2　通过两张图片生成视频 ···································· 211

　　　11.2.3　设置 AI 视频的运镜类型 ································· 214

本章小结 ·· 216

课后习题 ·· 216

第 12 章　高手实战：探索即梦 AI 视频的创新可能 ················· 217

12.1　AI 电影预告片实战：急速飞车 ································· 218

12.2　AI 游戏视频实战：仙缘神游 ····································· 221

12.3　AI 电商视频实战：家居广告 ····································· 225

本章小结 ·· 230

课后习题 ·· 230

【Midjourney 篇】

第1章 新手入门：使用 Midjourney 轻松生成 AI 画作

　　Midjourney是一个通过人工智能技术进行绘画创作的工具，用户可以在其中输入文字、图片等提示内容，让AI机器人（即AI模型）自动创作出符合要求的画作。本章主要介绍AI绘画的基本知识和Midjourney的操作技巧，帮助大家利用这个强大的AI绘画工具轻松生成画作。

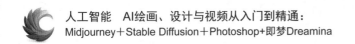
1.1　认识 AI 绘画

人工智能（Artificial Intelligence，AI）绘画是数字化艺术的新形式，为艺术创作提供了新的可能性。那么，什么是AI绘画呢？AI绘画又是怎样实现的呢？本节将从这两个问题出发介绍AI绘画，让大家对AI绘画"知其然并知其所以然"。

1.1.1　AI绘画的基本定义

AI绘画是指人工智能绘画，是一种新型的绘画方式。人工智能通过学习人类艺术家创作的作品，并对其进行分类与识别，最后生成新的图像。用户只需输入简单的文本指令，就可以让AI自动化地生成各种类型的图像，从而创作出具有艺术美感的绘画作品，相关效果如图1-1所示。

扫码看教学视频

图 1-1　AI 绘画效果

人工智能通过不断的学习，如今已经做到只需输入简单易懂的文字，就可以在短时间内得到一张效果不错的图片，甚至能根据用户的要求来对画面进行调整。

1.1.2　AI绘画的技术原理

下面将深入探讨AI绘画技术的原理，帮助大家进一步了解AI绘画，这有助于大家更好地理解AI模型是如何实现绘画创作的，以及如何通过不断的学习和优化来提高绘画质量。

扫码看教学视频

1. 数据收集模型训练

为了训练AI模型，需要收集大量的艺术作品样本，包括绘画、照片和图片等，并进行标注和分类。根据收集的数据样本，使用深度学习技术训练一个AI模型。训练模型时需要设置合适的超参数和损失函数来优化模型的性能。

一旦训练完成，就可以使用AI模型生成绘画作品，生成图像的过程是基于输入图像和模型内部的权重参数进行计算的。

2. 生成对抗网络技术

生成对抗网络（Generative Adversarial Networks，GAN或GANs）是一种深度学习模型，它由两个主要的神经网络组成：生成器和判别器。GAN的主要原理是通过生成器和判别器的博弈来协同工作，最终生成逼真的新数据。

通过训练生成器和判别器这两个模型的对抗学习，AI能够生成与真实数据相似的数据样本，从而逐渐生成越来越逼真的艺术作品。GAN技术的优点在于它可以生成高度逼真的样本数据，并且可以在不需要任何真实标签数据的情况下训练模型。GAN的工作原理可以简单概括为以下几个步骤，如图1-2所示。

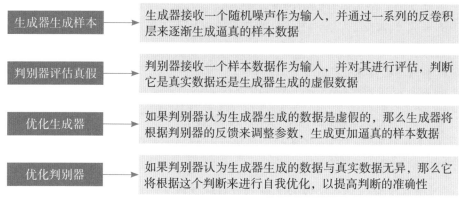

图 1-2　GAN 的工作原理

3. 卷积神经网络技术

卷积神经网络（Convolutional Neural Network，CNN）是一种用于图像、视频和自然语言处理等领域的深度学习模型，它通过模仿人类视觉系统的结构和功能，实现对图像的高效处理和有效特征提取。卷积神经网络在AI绘画中起着重要的作用，主要表现在以下几个方面。

（1）卷积层：卷积层是卷积神经网络的核心组件，它通过卷积核对输入的图像进行卷积操作，提取出图像中的局部特征。在AI绘画中，卷积层可以学习并提取出图像中的线条、色彩、纹理等基本信息，为后续的绘画创作提供基础素材。

（2）激活函数：激活函数在卷积神经网络中起到了非线性的作用，可以提高网络的表达能力，使得生成的图像更加生动、逼真。

（3）池化层：池化层通过对输入特征图进行"下采样"操作，降低数据的空间尺寸，减少计算量，同时保留关键信息。

（4）全连接层：全连接层通常位于卷积神经网络的最后几层，它将前面层提取的特征进行整合，并输出最终的绘画结果。

此外，CNN还可以通过卷积核共享和参数共享等技术来降低模型的计算复杂度和存储复杂度，使得它在大规模数据上的训练和应用变得更加可行。

4. 转移学习技术

转移学习又称为迁移学习（Transfer Learning），它是一种利用深度学习模型对不同风格的图像进行转换的技术。

具体来说，使用卷积神经网络来提取输入图像的特征，然后使用特定风格的图像特征来重构输入图像，以使其具有与特定风格图像相似的风格。

5. 图像分割技术

图像分割技术是指将一幅图像分解成若干个独立的区域，每个区域都表示图像中的一部分物体或背景。图像分割技术可以用于图像理解、计算机视觉、机器人和自动驾驶等领域。

6. 图像增强技术

图像增强技术是指利用计算机视觉技术对一张图像进行处理，使其更加清晰、亮丽。下面是图像增强技术的几种常见应用方法。

（1）风格迁移：将一张图片的风格迁移到另一张图片上，从而得到一张具有不同风格的图片。

（2）灰度变换：对图像的灰度级进行线性或非线性的变换，以改变图像的对比度和亮度。

（3）锐化增强：锐化增强是图像卷积处理实现锐化常用的算法，可增强图像的边缘和细节，使图像更加清晰。

（4）处理色彩平衡：调整图像的色调、色温和色彩饱和度等参数，使图像的色彩更加均衡和鲜明。

（5）去除噪点：去除图像中的噪点，如脉冲噪声、高斯噪声等，以提高图像的清晰度和质量。

（6）增强对比度：通过调整图像的亮度和色彩饱和度等参数，增强图像的对比度，改善图像的视觉效果，使得图像中的主体更加突出。

1.2 掌握 Midjourney 的基本操作

Midjourney（简称MJ）是一款于2022年3月面世的AI绘画工具，它可以根据用户提供的自然语言描述（即提示词）生成相应的图像。通过Midjourney，用户可以根据自己的需求和创意，快速地生成各种不同风格的图像，提高工作效率和创意表现力。此外，Midjourney还搭载了Discord社区，用户可以通过Discord机器人访问该工具，并使用特定命令创建艺术作品。本节将介绍Midjourney中的常用指令和基本操作，帮助大家快速掌握Midjourney的使用方法。

1.2.1 Midjourney的常用指令

扫码看教学视频

在使用Midjourney进行AI绘画时，用户可以使用各种指令与Discord平台上的Midjourney Bot（机器人）进行交互，从而告诉它你想要获得一张什么效果的图片。Midjourney的指令主要用于创建图像、更改默认设置及执行其他有用的任务。表1-1所示为Midjourney中的常用指令。

表 1-1 Midjourney 中的常用指令

指 令	描 述
/ask（问）	得到一个问题的答案
/blend（混合）	轻松地将两张图片混合在一起
/daily_theme（每日主题）	切换 #daily-theme 频道更新的通知
/docs（文档）	在 Midjourney Discord 官方服务器中使用可快速生成指向本用户指南中涵盖的主题链接
/describe（描述）	根据用户上传的图像编写 4 个示例提示词
/faq（常见问题）	在 Midjourney Discord 官方服务器中使用，将快速生成一个链接，指向热门 prompt（提示）技巧频道的常见问题解答
/fast（快速）	切换到快速模式
/help（帮助）	显示 Midjourney Bot 有关的基本信息和操作提示
/imagine（想象）	使用提示词生成图像
/info（信息）	查看有关用户的账号，以及任何排队（或正在运行）的作业信息
/stealth（隐身）	专业计划订阅用户可以通过该指令切换到隐身模式
/public（公共）	专业计划订阅用户可以通过该指令切换到公共模式
/subscribe（订阅）	为用户的账号页面生成个人链接

续表

指 令	描 述
/settings（设置）	查看和调整 Midjourney Bot 的设置
/prefer option（偏好选项）	创建或管理自定义选项
/prefer option list（偏好选项列表）	查看用户当前的自定义选项
/prefer suffix（偏好后缀）	指定要添加到每个提示词末尾的后缀
/show（展示）	使用图像作业账号（Identity Document，ID）在 Discord 中重新生成作业
/relax（放松）	切换到放松模式
/remix（混音）	切换到混音模式

1.2.2 Midjourney文生图

Midjourney主要使用imagine指令和提示词等文字描述来完成AI绘画操作，效果如图1-3所示。注意，用户应尽量输入英文提示词，AI模型对于英文单词的首字母大小写格式没有要求，但提示词中的每个关键词中间要添加一个逗号（英文字体格式）或空格，便于Midjourney更好地理解提示词的整体内容。

图 1-3 效果展示

下面介绍利用Midjourney进行文生图的操作方法。

步骤 01 在Midjourney下面的输入框内输入/（正斜杠符号），在弹出的列表框中选择imagine指令，如图1-4所示。

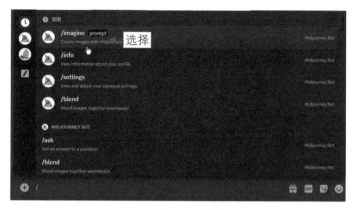

图 1-4　选择 imagine 指令

步骤 02 在imagine指令下方的prompt输入框中输入相应的提示词，如图1-5所示。

图 1-5　输入相应提示词

步骤 03 按【Enter】键确认，即可看到Midjourney Bot已经开始工作了，并显示图片的生成进度，如图1-6所示。

步骤 04 稍等片刻，Midjourney将生成4张对应的图片，单击V3按钮，如图1-7所示。V按钮的功能是以所选的图片样式为模板重新生成4张图片。

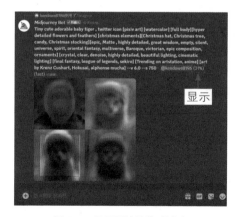

图 1-6　显示图片的生成进度

图 1-7　单击 V3 按钮

步骤 **05** 执行操作后，Midjourney将以第3张图片为模板，重新生成4张图片，如图1-8所示。

步骤 **06** 如果用户对重新生成的图片都不满意，可以单击 🔄（重做）按钮，如图1-9所示。

图 1-8　重新生成 4 张图片　　　　　图 1-9　单击重做按钮

步骤 **07** 执行操作后，Midjourney会重新生成4张图片，单击U2按钮，如图1-10所示。Midjourney生成的图片下方的U按钮表示放大选中的图片，生成单张的大图。如果用户对4张图片中的某张图片感到满意，可以使用U1～U4按钮进行选择并生成大图效果，否则4张图片是拼在一起的。

步骤 **08** 执行操作后，Midjourney将在第2张图片的基础上进行更加精细的刻画，并放大图片，效果如图1-11所示。

图 1-10　单击 U2 按钮　　　　　　　图 1-11　放大图片

★ 专家提醒 ★

在生成的大图下方单击 Vary（Strong）（非常强烈）按钮，将以该张图片为模板，重新生成变化较大的 4 张图片，效果如图 1-12 所示；单击 Vary（Subtle）（非常微妙）按钮，则会重新生成变化较小的 4 张图片，效果如图 1-13 所示。

图 1-12　重新生成变化较大的图片　　　图 1-13　重新生成变化较小的图片

1.2.3　Midjourney图生图

在Midjourney中，用户可以使用describe指令获取图片的提示词（即图生文），然后再根据提示内容和图片链接来生成类似的图片，这个过程就称为图生图，也称为"垫图"，原图与效果图对比如图1-14所示。

扫码看教学视频

图 1-14　原图与效果图对比

需要注意的是，提示词就是关键词或指令的统称，网上大部分用户也将其称

9

为"咒语"。下面介绍利用Midjourney进行图生图的操作方法。

步骤01 在Midjourney下面的输入框内输入/，在弹出的列表框中选择describe 指令，如图1-15所示。

步骤02 执行操作后，在弹出的"选项"列表框中选择image（图像）选 项，如图1-16所示。

图1-15 选择 describe 指令

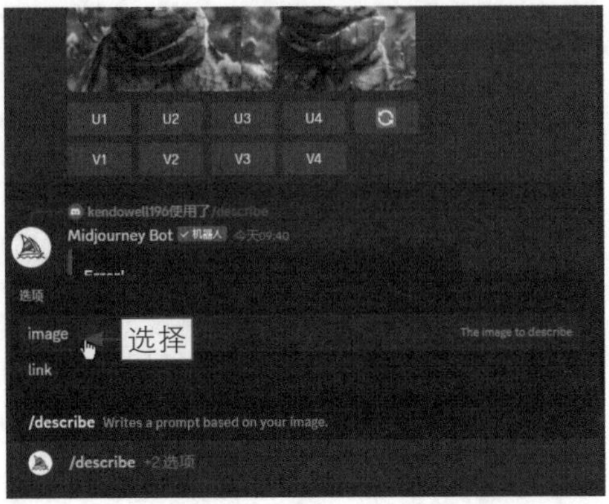

图1-16 选择 image 选项

步骤03 执行操作后，单击上传按钮 ，如图1-17所示，弹出"打开"对话 框，选择相应的图片。

步骤04 单击"打开"按钮，即可将图片添加到Midjourney的输入框中，如 图1-18所示，按两次【Enter】键确认。

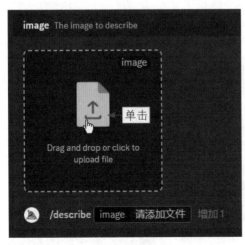

图1-17 单击上传按钮

图1-18 将图片添加到输入框中

步骤05 执行操作后，Midjourney会根据用户上传的图片生成4段提示词，如

图1-19所示。用户可以通过复制提示词或单击下面的1～4按钮，以该图片为模板生成新的图片。

步骤 06 单击生成的图片，在弹出的预览图中单击鼠标右键，在弹出的快捷菜单中选择"复制图片地址"命令，如图1-20所示，复制图片链接。

图 1-19 生成 4 段提示词

图 1-20 选择"复制图片地址"命令

步骤 07 执行操作后，在图片下方单击1按钮，如图1-21所示。

步骤 08 弹出Imagine This!（想象一下！）对话框，在PROMPT文本框中的提示词前面粘贴复制的图片链接，如图1-22所示。注意，图片链接和提示词中间要添加一个空格。

图 1-21 单击 1 按钮

图 1-22 粘贴复制的图片链接

★ 专 家 提 醒 ★

如果用户对生成的效果图不满意，可以尝试更换另外 3 组提示词来绘画。

11

步骤 09 单击"提交"按钮，即可以参考图为模板生成4张图片，如图1-23
所示。

步骤 10 单击U3按钮，放大第3张图片，效果如图1-24所示。

图 1-23　生成 4 张图片　　　　　　　　　图 1-24　放大图片

1.2.4　Midjourney混合生图

在Midjourney中，用户可以使用blend指令快速上传2～4张图片，
AI会分析每张图片的特征，并将它们混合生成一张新的图片，原图与
效果图对比如图1-25所示。

扫码看教学视频

图 1-25　原图与效果图对比

下面介绍利用Midjourney进行混合生图的操作方法。

步骤 01 在Midjourney下面的输入框内输入/，然后在弹出的列表框中，选择

blend指令，如图1-26所示。

步骤02 执行操作后，出现两个图片框，单击左侧的上传按钮▣，如图1-27所示。

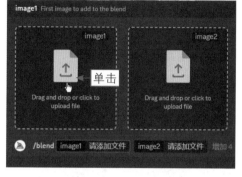

图1-26　选择 blend 指令　　　　　　　　图1-27　单击上传按钮

步骤03 执行操作后，弹出"打开"对话框，选择相应的图片，单击"打开"按钮，将图片添加到左侧的图片框中，并用同样的操作方法在右侧的图片框中添加一张图片，如图1-28所示。

步骤04 执行操作后，按【Enter】键，Midjourney会自动完成图片的混合操作，并生成4张新的图片，如图1-29所示。单击U2按钮，放大第2张图片。

图1-28　添加两张图片　　　　　　　　图1-29　生成4张新的图片

本章小结

本章主要介绍了Midjourney这一强大的AI绘画工具，以及如何通过它轻松地生成AI画作。首先，深入介绍了AI绘画的基本定义和技术原理，接着详细讲解了Midjourney的基本操作，包括常用指令、文生图、图生图和混合生图等内容。这些内容对新手入门非常有帮助，能够让读者快速掌握Midjourney的使用技巧，并通过实践生成出具有创意和风格的AI画作。通过学习本章内容，读者已经为进一步探索AI绘画世界打下了坚实的基础。

课后习题

　　鉴于本章知识的重要性，为了帮助读者更好地掌握所学知识，本节将通过课后习题，帮助读者进行简单的知识回顾和补充。

　　1.使用Midjourney设计教育行业的LOGO图标，效果如图1-30所示。

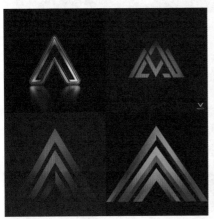

扫码看教学视频

图 1-30　LOGO 图标效果

　　2.使用Midjourney设计水果广告图，效果如图1-31所示。

扫码看教学视频

图 1-31　水果广告图效果

第 2 章　进阶技巧：MJ 指令设置和 AI 绘画功能

在掌握了Midjourney的基础操作后，你是否渴望进一步挖掘其高级功能和设置，以创作出更具个性化的AI画作？本章将带你走进Midjourney的"进阶世界"，解锁更多的指令设置技巧和AI绘画功能，让你的创作之旅更加丰富多彩。

2.1　Midjourney 的指令参数设置

Midjourney具有强大的AI绘画功能，用户可以通过各种指令和提示词来改变AI绘画的效果，生成更优秀的商业作品。本节将介绍一些Midjourney的高级指令参数设置技巧，让用户在生成商业作品时更加得心应手。

2.1.1　设置Midjourney模型版本

Midjourney会经常进行version（指版本型号）的更新，并结合用户的使用情况改进其模型性能。截至目前（2024年3月），Midjourney已经发布了多个版本，其中version 6（简称v6或v6.0）是目前最新且效果最好的版本。

扫码看教学视频

同时，Midjourney还支持v1、v2、v3、v4、v5.0、v5.1、v5.2等版本，用户可以通过在提示词后面添加--version（或--v）指令来调用不同的版本。如果没有添加版本后缀参数，那么会默认使用最新的模型版本。

例如，在提示词的末尾添加--v 5.2指令，即可通过v5.2版本生成相应的图片，效果如图2-1所示。使用相同的提示词，并删除末尾的--v 5.2指令，即可自动使用v6版本的模型生成相应的图片，效果如图2-2所示。

图 2-1　v5.2 版本的图片效果

图 2-2　v6 版本的图片效果

相较于之前的模型，v6模型在图像生成质量上有了显著的提升，画面质感更加细腻，细节刻画更为精致，使得图像的整体表现更为出色。v6模型在光影处理上也较v5.2模型更为真实自然，为用户带来了更加逼真的视觉体验。通过上图的对比可以看到，v6模型生成的图像细节更加锐利清晰，摆脱了v5.2模型那种略显模糊的感觉。

另外，v6模型对提示词的理解能力更强。一方面，v6模型能够处理更长的文本描述，其容量达到了350～500个词，而v5.2模型在超过30个词后，提示词的效果就不太显著了；另一方面，v6模型在语义理解上也更为精准，它能够准确呈现提示词中提到的所有元素，以及这些元素的颜色、位置和相互之间的关系。

此外，v6模型还支持自然语言描述，这意味着提示词不再需要全部使用短语，从而为用户提供了更加灵活和便捷的AI生成方式。

★ 专家提醒 ★

v6模型的另一个重大进步在于它支持生成准确的英文文本内容，用户只需在写提示词时使用英文双引号将文本内容括起来，即可实现英文文本的生成。

2.1.2 设置图像的横纵比

扫码看教学视频

aspect rations（横纵比）指令用于更改生成图像的宽高比，通常表示为冒号分割两个数字，比如7∶4或者4∶3。注意，aspect rations指令中的冒号为英文字体格式，且数字必须为整数。Midjourney的默认宽高比为1∶1，效果如图2-3所示。

用户可以在提示词后面加--aspect指令或--ar指令指定图片的横纵比。例如，使用与图2-3相同的提示词，在结尾处加上--ar 3∶4指令，即可生成相应尺寸的竖图，效果如图2-4所示。需要注意的是，在生成或放大图片的过程中，最终输出的尺寸效果可能会略有修改。

图 2-3　默认宽高比的图像效果

图 2-4　生成相应尺寸的图片

2.1.3 设置AI的创造能力

扫码看教学视频

在Midjourney中，使用--chaos（简写为--c）指令，可以影响图片生成结果的变化程度，能够激发AI模型的创造能力，值（范围为0～100，默认值为0）越大，AI模型就会有越多自己的想法。

在Midjourney中输入相同的提示词，较低的--chaos值具有更可靠的结果，生成的图片效果在风格、构图上比较相似，效果如图2-5所示；较高的--chaos值将产生更多不寻常和意想不到的结果和组合，生成的图片效果在风格、构图上的差异较大，效果如图2-6所示。

图2-5　较低的 chaos 值生成的图片效果

图2-6　较高的 chaos 值生成的图片效果

2.1.4　设置AI的生成质量

在提示词后面添加--quality（简写为--q）指令，可以改变图片生成的质量，不过高质量的图片需要更长的时间来处理细节。更高的质量意味着每次生成耗费的图形处理器（Graphics Processing Unit，GPU）分钟数也会增加。

扫码看教学视频

★ 专 家 提 醒 ★

需要注意的是，更高的 --quality 值并不总是更好，有时较低的 --quality 值可以产生更好的结果，这取决于用户对作品的期望。例如，较低的 --quality 值比较适合绘制抽象主义风格的画作。

例如，通过imagine指令输入相应的提示词，并在提示词的结尾处加上--quality .25指令，即可以最快的速度生成细节最不详细的图片，可以看到建筑的细节比较模糊，如图2-7所示。继续通过imagine指令输入相同的提示词，并在提示词的结尾处加上--quality 1指令，即可生成有更多细节的图片，效果如图2-8所示。

图 2-7　较低的 quality 值生成的图片效果

图 2-8　较高的 quality 值生成的图片效果

2.1.5　设置AI的风格化程度

扫码看教学视频

在Midjourney中，使用stylize指令，可以让生成的图片更具艺术风格。stylize指令允许用户根据自己的需求，在图像的匹配度和艺术性之间进行权衡和调整，从而生成符合自己期望的图像。较低的stylize值生成的图片与提示词密切相关，但艺术性较差，效果如图2-9所示。较高的stylize值生成的图片非常有艺术性，但与提示词的关联性也较低，AI模型会有更多的自由发挥空间，效果如图2-10所示。

图 2-9　较低的 stylize 值生成的图片效果

图 2-10　较高的 stylize 值生成的图片效果

2.2　Midjourney 的高级绘画功能

在Midjourney中，用户可以通过一些技巧来改变AI绘画的效果，生成更优秀的绘画作品。本节将介绍Midjourney中一些常用的高级绘画功能，让用户在生成AI画作时更加得心应手。

2.2.1　使用混音模式改图

使用Midjourney的混音模式（Remix mode）可以更改提示词、参数、模型版本或变体之间的横纵比，让AI绘画变得更加灵活、多变，效果对比如图2-11所示。

扫码看教学视频

blue vase（蓝色花瓶）

red vase（红色花瓶）

图 2-11　效果对比

下面介绍使用混音模式改图的操作方法。

步骤 01 在Midjourney下面的输入框内输入/，在弹出的列表框中选择settings指令，如图2-12所示。

步骤 02 按【Enter】键确认，即可调出Midjourney的设置面板，单击Remix mode按钮，即可开启混音模式（按钮显示为绿色），如图2-13所示。

步骤 03 通过imagine指令输入相应的提示词，并按【Enter】键生成花瓶图片，效果如图2-14所示。

步骤 04 单击V1按钮，弹出Remix Prompt（混音提示）对话框，适当修改其中的某个提示词，如将blue（蓝色）改为red（红色），如图2-15所示。

步骤 05 单击"提交"按钮，即可重新生成相应的图片，将图中花瓶的颜色从蓝色改成红色，效果如图2-16所示。

图 2-12　选择 settings 指令

图 2-13　开启混音模式

图 2-14　生成花瓶图片

图 2-15　修改其中的某个提示词

步骤06　单击U2按钮，放大第2张图片，效果如图2-17所示。

图 2-16　重新生成图片

图 2-17　放大第 2 张图片

2.2.2 替换图中的人脸

InsightFaceSwap是一个专门针对人像处理的机器人，它能够批量且精准地替换人物脸部，同时不会改变图片中的其他内容，效果对比如图2-18所示。

图 2-18 效果对比

下面介绍替换图中人脸的操作方法。

步骤 01 在Midjourney下面的输入框内输入/，在弹出的列表框中，单击左侧的InsightFaceSwap图标，如图2-19所示。

步骤 02 执行操作后，在列表框中选择saveid（保存ID）指令，如图2-20所示。

图 2-19 单击 InsightFaceSwap 图标　　　图 2-20 选择 saveid 指令

步骤 03 执行操作后，输入相应的idname（身份名称），如图2-21所示。

22

idname可以为任意8位以内的英文字符和数字。

步骤 04 单击上传按钮，上传一张面部清晰的人物图片，如图2-22所示。

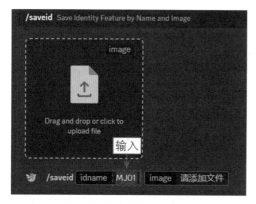

图 2-21 输入相应的 idname

图 2-22 上传一张人物图片

步骤 05 按【Enter】键确认，即可成功创建idname，用于给人物图片添加标签，如图2-23所示。

步骤 06 使用imagine指令生成相应的人物肖像图片，并选择其中一张图片进行放大，效果如图2-24所示。

图 2-23 创建 idname

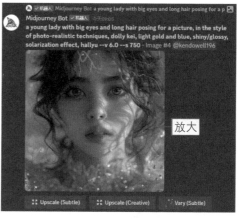

图 2-24 放大图片

★ 专家提醒 ★

要使用 InsightFaceSwap 机器人，用户需要先邀请 InsightFaceSwap Bot 到自己的服务器中，只需将邀请链接发送到 Midjourney 服务器中，单击该链接并根据提示进行操作即可。

23

步骤07 在图片上单击鼠标右键，在弹出的快捷菜单中选择APP（应用程序）| INSwapper（替换目标图像的面部）命令，如图2-25所示。

步骤08 执行操作后，InsightFaceSwap即可替换人物脸部，效果如图2-26所示。

图2-25　选择 INSwapper 选项

图2-26　替换人物脸部效果

★ 专家提醒 ★

另外，用户也可以在 Midjourney 下面的输入框内输入 /，在弹出的列表框中选择 swapid（换脸）指令，如图 2-27 所示。执行操作后，输入刚才创建的 idname，并上传想要替换人脸的底图，如图 2-28 所示。按【Enter】键确认，即可调用 InsightFaceSwap 机器人替换底图中的人脸。

图2-27　选择 swapid 指令

图2-28　上传想要替换人脸的底图

2.2.3　添加提示词标签

在通过Midjourney进行AI绘画时，用户可以使用prefer option set指

扫码看教学视频

令，将一些常用的提示词保存在一个标签中，作为通用提示词，这样每次绘画时就不用重复输入一些相同的提示词，效果如图2-29所示。

图 2-29　效果展示

下面介绍添加提示词标签的操作方法。

步骤01 在Midjourney下面的输入框内输入/，在弹出的列表框中选择prefer option set指令，如图2-30所示。

步骤02 执行操作后，在option（选项）文本框中输入相应的名称，如Label01，如图2-31所示。

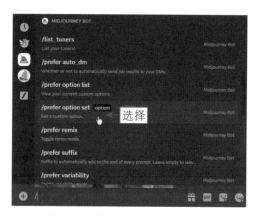

图 2-30　选择 prefer option set 指令　　　图 2-31　输入相应的名称

步骤03 执行操作后，单击"增加1"按钮，在上方的"选项"列表框中选择value（参数值）选项，如图2-32所示。

步骤04 执行操作后，在value输入框中输入相应的提示词，如图2-33所示。

这里的提示词就是我们所要添加的一些固定的文本指令。

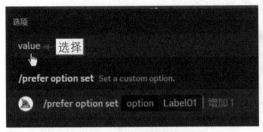

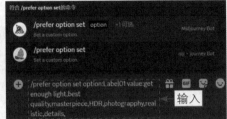

图 2-32　选择 value 选项　　　　　图 2-33　输入相应的提示词

步骤05 按【Enter】键确认，即可将上述提示词发送到Midjourney的服务器中，如图2-34所示，从而给这些提示词打上一个标签，标签名称就是Label01。

图 2-34　发送提示词

步骤06 在Midjourney中通过imagine指令输入相应的提示词，主要用于描述主体，如图2-35所示。

图 2-35　输入描述主体的提示词

步骤07 在提示词的后面添加一个空格，并输入--Label01指令，即可调用Label01标签，如图2-36所示。

图 2-36　输入 --Label01 指令

步骤08 按【Enter】键确认，即可生成相应的图片，效果如图2-37所示。此时可以看到，Midjourney在绘画时会自动添加Label01标签中的提示词。

步骤 09 单击U2按钮，放大第2张图片，效果如图2-38所示。

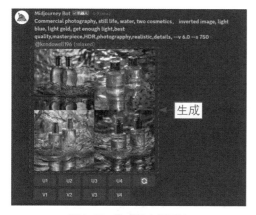

图2-37　生成相应的图片

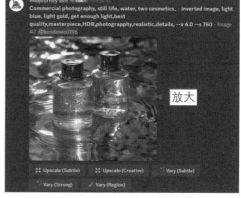

图2-38　放大图片

2.2.4　平移扩大图像

利用平移扩图功能可以生成图片外的场景，效果如图2-39所示。用户可以通过单击相应的箭头按钮，选择图片需要扩展的方向。

扫码看教学视频

图2-39　效果展示

下面介绍平移扩大图像的操作方法。

步骤 01 在Midjourney中通过imagine指令输入相应的提示词，并按【Enter】键生成图像，如图2-40所示。

步骤 02 单击U3按钮，放大第3张图片，单击图片下方的左箭头按钮◀，效果如图2-41所示。

图 2-40　生成图像　　　　　　　　　　　　2-41　单击左箭头按钮

步骤 03 执行操作后，Midjourney将在原图的基础上，向左进行平移扩图，效果如图2-42所示。

步骤 04 选择第1张图片进行放大，单击下方的右箭头按钮➡，Midjourney将在此图的基础上，向右进行平移扩图，效果如图2-43所示，选择第2张图片进行放大。

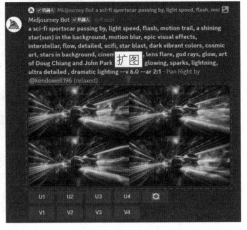

图 2-42　向左平移扩图　　　　　　　　　　图 2-43　向右平移扩图

2.2.5　无限扩展图像

Zoom Out（拉远）功能是一项强大的图像扩展工具，它允许用户

扫码看教学视频

28

拉远已经生成的图像，从而看到更多周围环境的细节。Zoom out功能为用户提供了更多的创作可能性和灵活性，使它们能够生成更具个性化和创意性的图像作品，效果如图2-44所示。

图 2-44　效果展示

下面介绍无限扩展图像的操作方法。

步骤 01 在Midjourney中调用imagine指令生成一组图片，并选择其中一张图片进行放大，单击图片下方的Zoom Out 2x（拉远两倍）按钮，如图2-45所示。

步骤 02 执行操作后，Midjourney将在原图的基础上生成4张图片，并将图像场景扩展至两倍，选择其中一张图片进行放大，效果如图2-46所示。使用同样的操作方法，可以继续拉远图像视野，从而无限扩展图像场景。

图 2-45　单击 Zoom Out 2x 按钮　　　　　　图 2-46　放大图片

本章小结

本章主要介绍了Midjourney的进阶技巧，包括指令参数设置和高级绘画功能。通过设置模型版本、横纵比、创造能力和生成质量等参数，用户能够精准控制图像的艺术效果。同时，高级绘画功能如混音模式改图、人脸替换及图像平移扩大等，进一步丰富了用户的创作手段，提升了创作体验。

课后习题

1. 使用Midjourney生成炫彩动物平面插图，效果如图2-47所示。
2. 使用Midjourney生成流光溢彩的海报背景，效果如图2-48所示。

图 2-47　炫彩动物平面插图效果　　　　图 2-48　流光溢彩的海报背景效果

扫码看教学视频

扫码看教学视频

第 3 章　高手实战：使用 MJ 生成商业画作素材

随着AI绘画技术的不断发展，其在商业领域的应用也愈发广泛。本章将聚焦于如何使用Midjourney生成高质量的商业画作素材，深入探讨如何将Midjourney的AI绘画功能与商业需求相结合，创作出既符合品牌形象又具有艺术美感的画作。

3.1　AI LOGO 设计实战：美妆品牌

LOGO是品牌标识的核心，它能够有效地传达品牌的价值和特点。同时，LOGO也是品牌识别的重要工具，能够对品牌的成功和发展产生重大影响。本节向大家介绍如何使用Midjourney生成美妆品牌LOGO，效果如图3-1所示。

图 3-1　效果展示

3.1.1　运用ChatGPT生成提示词

扫码看教学视频

有时候人们可能难以凭自己的想象去设计LOGO，此时不妨询问ChatGPT，并从ChatGPT的回答中获取LOGO的提示词，具体操作方法如下。

步骤01 在ChatGPT中输入提示词，如"请用200字左右描述某个美妆类品牌的LOGO"，按【Enter】键确认，ChatGPT会给出LOGO的描述信息，具体内容如下。

⑤ ChatGPT

这个美妆品牌的LOGO设计简洁而精致，以柔和的色彩为主调。LOGO以优雅的字体书写品牌名称，并将品牌首字母进行艺术化设计，使其成为整个LOGO的焦点。字体线条流畅，呈现出现代感和高端氛围。在品牌名称的旁边或下方，可能使用了一种简约的图形元素，比如花朵、叶子或抽象化的化妆品相关图案，以增加辨识度和美感。整体设计风格突出了品牌的精致、自信和优雅，引领消费者感受到品牌产品的高品质和专业性。此LOGO设计简约大方，同时又能传达出品牌所代表的美妆领域的独特魅力，吸引消费者对品牌的关注和信赖。

步骤 02 让ChatGPT给出明确的AI绘画提示词示例，在ChatGPT中输入"请整合上述信息，提供一段用于生成美妆品牌LOGO图像的AI绘画提示词，要求50字左右"，ChatGPT的回答内容如下。

ChatGPT

精致优雅的美妆品牌LOGO，字体优雅流畅，融合柔和的色彩。富有艺术感的首字母，搭配简约的图形元素，散发着现代感和高端氛围，体现了品牌自信和卓越品质。

步骤 03 让ChatGPT为我们提供翻译帮助，如在其输入框中继续输入"请将这段AI绘画提示词翻译为英文"，ChatGPT的回答内容如下。

ChatGPT

Exquisite and elegant makeup brand logo with gracefully flowing typography and softcolor palette. Artistic initials paired with minimal graphic elements exude modernity and ahigh-end ambiance, reflecting brand confidence and superior quality.

3.1.2　运用Midjourney生成LOGO

扫码看教学视频

在得到了品牌LOGO的AI绘画提示词后，接下来就可以使用Midjourney直接生成LOGO效果图了，具体操作方法如下。

步骤 01 在Midjourney中调出imagine指令，复制并粘贴ChatGPT提供的英文提示词，如图3-2所示。

图 3-2　粘贴相应的提示词

步骤02 按【Enter】键确认，即可生成4张LOGO图片，效果如图3-3所示。

图 3-3　生成 4 张 LOGO 图片

步骤03 选择其中一张合适的图片进行放大，效果见图3-1。

3.2　AI 包装设计实战：钻石项链

包装设计作为商品形象的重要组成部分，对提升商品价值、吸引消费者眼球具有不可忽视的作用。本节将介绍使用Midjourney设计钻石项链包装的操作方法，效果如图3-4所示。

图 3-4　效果展示

3.2.1 生成项链包装效果图

在Midjourney中通过imagine指令输入合适的提示词，例如"a green velvet jewelry box held by a silver necklace in an open box box, in the style of simple and elegant style, gold and aquamarine, pure color, leather/hide, dark green and sky-blue, dark orange and gold（大意为：一个绿色天鹅绒首饰盒，在一个打开的盒子里有一条银项链，风格简单优雅，金色和海蓝宝石，纯色，皮革/皮革，深绿色和天蓝色，深橙色和金色）"，即可生成相应的包装效果图，具体操作方法如下。

步骤01 在Midjourney中调出imagine指令，输入相应的提示词，如图3-5所示。

图3-5 输入相应的提示词

步骤02 按【Enter】键确认，即可生成4张包装效果图，如图3-6所示。

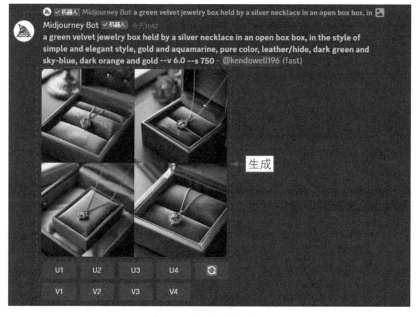

图3-6 生成包装效果图

3.2.2　通过种子重新生成图片

在生成了初步的包装效果图后，可以使用种子（即seed）值来重新设计图片，具体操作方法如下。

步骤01 将鼠标指针移至预览图上，在弹出的工具栏中单击"添加反应"图标，如图3-7所示。

步骤02 执行操作后，弹出"反应"面板，如图3-8所示。

图3-7　单击"添加反应"图标

图3-8　"反应"面板

步骤03 在搜索框中输入envelope（信封），并单击搜索结果中的信封图标，如图3-9所示。

步骤04 执行操作后，Midjourney Bot将会给我们发送一个消息，单击私信图标查看消息，如图3-10所示。

图3-9　单击信封图标

图3-10　单击私信图标

步骤05 执行操作后，即可看到Midjourney Bot发送的Job ID（作业ID）和图片的种子值，如图3-11所示。

步骤06 再次调用imagine指令，输入相同的提示词，并在结尾处加上--seed指令，在指令后面输入图片的种子值，再生成新的图片，效果如图3-12所示。

图 3-11　Midjourney Bot 发送的种子值　　　　图 3-12　生成新的图片

★ 专家提醒 ★

在使用 Midjourney 生成图片时，会有一个从模糊的"噪点"逐渐变为具体清晰的图片的过程，而这个"噪点"的起点就是 seed，Midjourney 依靠它来创建一个"视觉噪声场"，作为生成初始图片的起点。种子值是 Midjourney 为每张图片随机生成的，但可以使用 --seed 指令指定。在 Midjourney 中使用相同的种子值和提示词，将生成相同的图像结果，利用这点我们可以生成连贯一致的人物形象或者场景。

3.2.3　用Upscale提升图片质量

扫码看教学视频

在Midjourney中，Upscale（放大器）功能用于提高图片的分辨率，使用户能够生成更详细、清晰的图片。Subtle（微妙的）模式是Upscale功能的一种模式，它提供了一种更为微妙和精细的方式来提高图片的分辨率，具体操作方法如下。

★ 专家提醒 ★

当使用 Subtle 模式时，Midjourney 会采用一种更为渐进和细致的方法来提高图片的分辨率，而不是简单地放大像素。这意味着生成的图片在细节和纹理方面会更加自然和逼真，而不会出现锯齿状或模糊的边缘。

步骤01 选择其中一张合适的图片进行放大，如单击U2按钮，放大第2张图片，并单击图片下方的Upscale（Subtle）按钮，如图3-13所示。

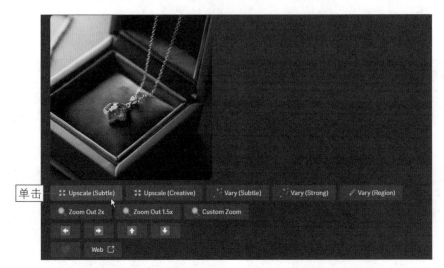

图 3-13　单击 Upscale（Subtle）按钮

步骤02 执行操作后，即可将当前图片的分辨率提升两倍，这样能够避免将图片进行放大观察时出现模糊的情况，如图3-14所示。

图 3-14　普通出图效果与放大后的图片效果对比

★ 专 家 提 醒 ★

Subtle 模式可以在保持图片整体风格的同时，提高图片的清晰度和细节，使生成的图片更加逼真和引人入胜。

3.3　AI 插画设计实战：人物肖像

人物肖像作为商业插画设计的重要组成部分，广泛应用于广告、品牌宣传、包装设计等多个领域。传统的人物肖像插画设计需要设计师具备高超的绘画技巧和丰富的创意，而AI技术的引入则为这一领域带来了革命性的变革。

通过AI的协助，设计师不仅能够提高创作效率，还能在保持人物肖像独特风格的同时，实现更加精细和逼真的细节表现。本节将详细介绍使用Midjourney设计人物肖像插画的操作方法，探讨AI技术如何帮助设计师突破传统插画创作的局限，以及如何结合AI技术和人类创意，创作出具有独特魅力和商业价值的人物肖像作品，效果如图3-15所示。

图 3-15　效果展示

3.3.1　初步生成主体效果图

在Midjourney中，通过imagine指令输入合适的提示词，如"Illustration of a girl in the forest with a white kitten and flowers, hand drawn style, grand watercolor painting style, colorful animated stills, personalized animal portraits, and poetic pastoral scenes（大意为：森林里一个女孩、一只白色

扫码看教学视频

小猫和鲜花的插图，手绘风格，大气的水彩画风格，彩色动画剧照，富有个性的动物肖像，诗意的田园场景）"，并加上相应的控制指令，即可生成精美的插画，具体操作方法如下。

步骤01 在Midjourney中调出imagine指令，输入相应的提示词，如图3-16所示。

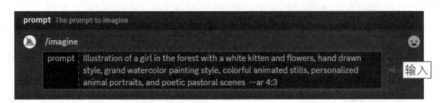

图 3-16　输入相应的提示词

步骤02 按【Enter】键确认，即可依照提示词的描述生成手绘风格的插画效果图，如图3-17所示。

图 3-17　生成手绘风格的插画效果图

3.3.2　重新生成满意的效果图

扫码看教学视频

如果用户对生成的效果图不满意，可以单击重做按钮 🔄，重新绘制图像，具体操作方法如下。

步骤01 在生成的效果图下方，单击重做按钮 🔄，重新绘制图像，如图3-18所示。

图 3-18　单击重做按钮

步骤 02 执行操作后，即可按照原本的提示词重新生成4张手绘风格的插画，如图3-19所示。

图 3-19　重新生成插画效果

步骤 03 选择其中一张合适的图片进行放大，如单击U4按钮，放大第4张图片，效果如图3-20所示。

图 3-20　放大第 4 张图片

本章小结

　　本章通过实战案例展示了Midjourney在商业画作素材生成方面的强大能力，介绍了如何利用AI技术快速完成LOGO设计、包装设计和插画设计等工作，并通过调整和优化得到令人满意的作品。这些实战案例不仅体现了AI技术的先进性和实用性，也为读者提供了宝贵的经验和启示。未来，Midjourney等AI工具将继续在商业设计领域发挥重要作用，助力设计师创作更具商业价值的作品。

课后习题

　　鉴于本章知识的重要性，为了帮助读者更好地掌握所学知识，本节将通过课后习题，帮助读者进行简单的知识回顾和补充。

　　1. 使用Midjourney设计游戏角色原画，效果如图3-21所示。

扫码看教学视频

图 3-21　游戏角色原画效果

　　2. 使用Midjourney设计卡通漫画场景，效果如图3-22所示。

扫码看教学视频

图 3-22　卡通漫画场景效果

【Stable Diffusion 篇】

第4章　快速上手：掌握文生图和图生图的功能

　　Stable Diffusion（简称SD）不仅在代码、数据和模型方面实现了全面开源，而且其参数量适中，使得大部分人可以在普通显卡上进行绘画甚至精细地调整模型。本章主要介绍Stable Diffusion的文生图和图生图这两大基本功能，帮助大家提升AI绘画效果的精美度。

4.1 Stable Diffusion 文生图

Stable Diffusion作为一款强大的AI绘画工具，可以通过文本描述生成各种图像，但是其参数设置比较复杂，对新手来说不容易上手。

如何快速看懂和掌握Stable Diffusion的基本参数，使生成结果更符合预期呢？本节将带大家快速看懂Stable Diffusion文生图中各项关键参数的作用，并掌握相关的设置方法。

4.1.1 设置采样方法提升出图效果

采样，简单理解就是执行去噪的方式，Stable Diffusion中的30种采样方法（Sampler，又称为采样器）就相当于30位画家，每种采样方法对图片的去噪方式都不一样，生成的图片风格也就不同。下面简单总结了一些常见Sampler的特点。

扫码看教学视频

- 速度快：Euler系列、LMS系列、DPM++ 2M系列、DPM fast、DDIM。
- 质量高：Heun、PLMS、DPM++系列。
- tag（标签）利用率高：DPM2系列、Euler系列。
- 动画风：LMS系列、UniPC。
- 写实风：DPM2系列、Euler系列、DPM++系列。

在上述采样方法中，推荐使用DPM++ 2M Karras，生成图片的速度快、质量好，效果如图4-1所示。

图 4-1 最终效果

下面介绍如何设置采样方法提升出图效果。

步骤01 进入"文生图"页面，选择一个写实类的大模型，输入相应的提示词，指定生成图像的画面内容，如图4-2所示。

图4-2　输入相应的提示词

步骤02 在页面下方的"采样方法"选项区域，选中DPM++ 2M Karras单选按钮，如图4-3所示，这种采样方法会使得采样结果更加真实、自然。

图4-3　选中 DPM++ 2M Karras 单选按钮

步骤03 单击两次"生成"按钮，即可通过DPM++ 2M Karras采样方法生成两张图片，且具有非常逼真的视觉效果，见图4-1。

★ 专家提醒 ★

Sampler 技术为 Stable Diffusion 等生成模型提供了更加真实、可靠的随机采样能力，从而可以生成更加逼真的图像效果。除 DPM++ 2M Karras 外，常用的 Sampler 还有 3 种，分别为 Euler a、DPM++ 2S a Karras 和 DDIM，相关介绍如下。

·Euler a 的采样生成速度最快，但在生成高细节图并增加迭代步数时，会产生不可控的突变，如人物脸扭曲、细节变形等。Euler a 采样器适合生成 ICON（图标）、二次元图像或小场景的画面。

·DPM++ 2S a Karras 采样方法可以生成高质量图像，适合生成写实人像或刻画复杂场景，而且步幅（即迭代步数）越高，细节刻画效果越好。

·DDIM 比其他采样方法具有更高的效率，而且随着迭代步数的增加可以叠加生成更多的细节。

4.1.2　设置迭代步数提升画面精细度

迭代步数（Steps）是指输出画面需要的步数，其作用可以理解为"控制生成图像的精细程度"，Steps越高，生成的图像细节越丰富、精细。不过，增加Steps的同时也会增加每张图片的生成时间，减少Steps则可以加快生成速度。图4-4所示为不同迭代步数生成的图像效果对比。

扫码看教学视频

图 4-4　效果对比

下面介绍通过设置迭代步数提升画面精细度的操作方法。

步骤 01 进入"文生图"页面，选择一个写实类的大模型，输入相应的提示词，将"迭代步数"设置为5，单击"生成"按钮，可以看到生成的人物图像非常模糊，如图4-5所示。

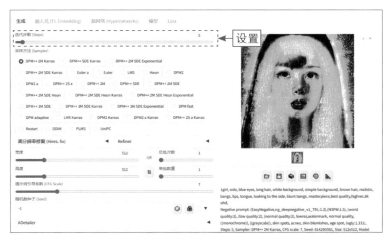

图 4-5 "迭代步数"为5生成的图像效果

步骤02 锁定上图的随机数种子值，将"迭代步数"设置为30，其他参数保持不变，单击"生成"按钮，可以看到生成的图像非常清晰，而且画面整体是完整的，效果如图4-6所示。

图 4-6 "迭代步数"为30生成的图像效果

★ 专家提醒 ★

Stable Diffusion 的采样迭代步数采用的是分步渲染的方法。分步渲染是指在生成同一张图片时，分多个阶段使用不同的文字提示进行渲染。在整张图片基本成型后，再通过添加文本描述的方式来渲染和优化细节。这种分步渲染的方法，需要对照明、场景等方面采用一定的美术处理，才能生成逼真的图像效果。

需要注意的是，Stable Diffusion 的每一次迭代都是在上一次生成的基础上进行渲染的。一般来说，将 Steps 设置在 18 ~ 30 范围内，即可生成效果较好的图像。如果将 Steps 设置得过低，可能会导致图像生成不完整，关键细节无法呈现；而过高的 Steps 则会大幅增加生成时间，但对图像效果提升的边际效益较小，仅对细节进行轻微优化，因此可能会得不偿失。

步骤 03 在"文生图"页面下方的"脚本"下拉列表框中，选择"x/y/z图表"选项，如图4-7所示。"x/y/z图表"是一种用于可视化三维数据的图表，它由3个坐标轴组成，分别代表3个变量，让用户可以同时查看至多3个变量对出图结果的影响。

图 4-7　选择"x/y/z 图表"选项

步骤 04 执行操作后，即可展开x/y/z plot（图表）选项区域，在"X轴类型"下拉列表框中选择"迭代步数"选项，如图4-8所示。

图 4-8　选择"迭代步数"选项

步骤 05 执行操作后，即可将"X轴类型"设置为Steps，在右侧的"X轴值"文本框中输入多个Steps参数（注意：每个参数中间用英文逗号隔开），如图4-9所示。

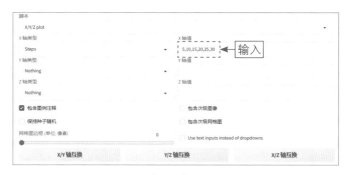

图 4-9　输入多个 Steps 参数

步骤06 单击"生成"按钮，即可非常清晰地对比同一个提示词下不同Steps参数分别生成的图像，效果见图4-4。

4.1.3　设置高分辨率修复放大的图片

"高分辨率修复"（Hires.fix）功能首先以较小的分辨率生成初步图片，接着放大图片，然后在不更改构图的情况下改进其中的细节。Stable Diffusion会依据用户设置的"宽度"和"高度"值，并按照"放大倍率"参数进行等比例放大。

扫码看教学视频

对于显存较小的显卡，可以通过使用"高分辨率修复"功能，把"宽度"和"高度"值设置得小一些，如默认的分辨率512×512（注意：分辨率的默认单位为像素），然后将"放大倍数"设置为2，Stable Diffusion就会生成分辨率为1024×1024的图片，且不会占用过多的显存，效果对比如图4-10所示。

分辨率：512×512

分辨率：1024×1024

图 4-10　效果对比

下面介绍设置高分辨率修复放大图片的操作方法。

步骤 01 进入"文生图"页面，选择一个写实类的大模型，输入相应的提示词，单击"生成"按钮，生成一张分辨率为512×512的图片，效果如图4-11所示。

图4-11 生成一张分辨率为512×512的图片

步骤 02 展开"高分辨率修复（Hires.fix）"选项区域，设置"放大算法"为R-ESRGAN 4x+ Anime6B，如图4-12所示，这是一种基于超分辨率技术的图像增强算法，主要用于提高动漫图像的质量和清晰度。

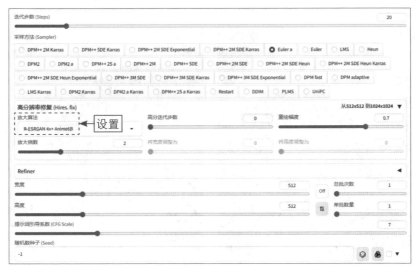

图4-12 设置"放大算法"参数

★ 专家提醒 ★

在"高分辨率修复"选项区域，以下几个选项的设置非常关键。

（1）放大倍数：是指图像被放大的比例。需要注意的是，当将图像放大到一定程度后，可能会出现质量问题。

（2）高分迭代步数：是指在提高图像分辨率时，算法需要迭代的次数。如果将其设置为0，则将使用与Steps相同的值。通常情况下，建议将"高分迭代步数"设置为0或小于Steps的值。

（3）重绘幅度：是指在进行图像生成时，需要添加的噪声程度。该值为0表示完全不加噪声，即不进行任何重绘操作；值为1则表示整个图像将被随机噪声完全覆盖，生成与原图完全不相关的图像。通常在重绘幅度为0.5时，会对图像的颜色和光影产生显著影响；而在重绘幅度为0.75时，甚至会改变图像的结构和人物的姿态。

步骤03 其他参数保持默认设置，单击"生成"按钮，即可生成一张分辨率为1024×1024的图片，效果见图4-10（右图）。

4.1.4 设置宽高参数改变图片尺寸

扫码看教学视频

图片尺寸即分辨率，指的是图片宽和高的像素数量，它决定了数字图像的细节再现能力和质量。例如，分辨率为768×512的图像在细节表现方面具有较高的质量，可以提供更好的视觉效果，如图4-13所示。

图 4-13 效果展示

下面介绍设置宽高参数改变图片尺寸的操作方法。

步骤 01 进入"文生图"页面，选择一个写实类的大模型，输入相应的提示词，指定生成图像的画面内容，如图4-14所示。

图 4-14　输入相应的提示词

步骤 02 在页面下方设置"宽度"为768、"高度"为512，表示生成分辨率为768×512的图像，其他设置如图4-15所示。

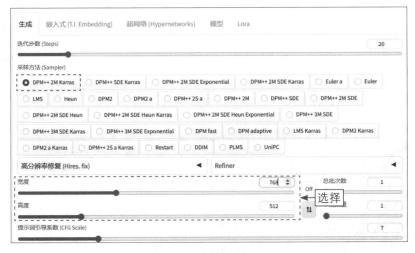

图 4-15　设置相应的参数

★ 专 家 提 醒 ★

通常情况下，8GB 显存的显卡，图片尺寸应尽量设置为 512×512，否则太小的尺寸无法描绘好画面，太大的尺寸则容易"爆显存"。8GB 显存以上的显卡则可以适当调高分辨率。"爆显存"是指计算机的画面数据量超过了显存的容量，导致画面出现错误或者计算机的帧数骤降，甚至出现系统崩溃等情况。

图片尺寸需要和提示词所生成的画面效果相匹配，如设置为 512×512 的分辨率时，人物大概率会出现大头照。用户也可以固定一个图片尺寸的值，并将另一个值调高，但固定值要保持在 512 ～ 768。

步骤 03 单击"生成"按钮，即可生成相应尺寸的横图，效果见图4-13。

4.1.5 设置出图批次一次绘制多张图片

扫码看教学视频

简单来说，总批次数就是显卡在绘制多张图片时，按照一张接着一张的顺序往下画；单批数量就是显卡同时绘制多张图片，绘画效果通常会稍微差一些，具体要看显卡配置。例如，在Stable Diffusion中使用相同的提示词和生成参数，可以一次生成6张不同的图片，效果如图4-16所示。

图 4-16 效果展示

★ 专 家 提 醒 ★

需要注意的是，Stable Diffusion默认的出图效果是随机的，又称为"抽卡"，也就是说需要不断地生成新图，从中"抽"出一张效果最好的图片。

如果用户的计算机显卡配置比较高，可以使用单批数量的方式出图，速度会更快，同时也能保证一定的画面效果；否则，就加大总批次数，每一批只生成一张图片，这样在硬件资源有限的情况下，可以让显卡尽量画好每张图。

下面介绍设置出图批次一次绘制多张图片的操作方法。

步骤 01 进入"文生图"页面，选择一个二次元风格的大模型，输入相应的提示词，指定生成图像的画面内容，如图4-17所示。

图 4-17　输入相应的提示词

步骤 02 在页面下方设置"总批次数"6，可以理解为一次循环生成6张图片，其他设置如图4-18所示。

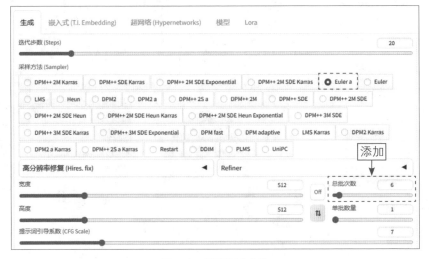

图 4-18　设置相应参数

步骤 03 单击"生成"按钮，即可同时生成6张图片，效果如图4-19所示，用户可以快速筛选出其中效果更好的图片，而某些人物变形的图片则可以将其删除。

图4-19　生成6张图片

步骤04 保持提示词和其他参数设置不变，设置"总批次数"为2、"单批数量"为3，可以理解为一个批次里一次生成3张图片，共生成2个批次，如图4-20所示。

图4-20　设置"总批次数"和"单批数量"参数

步骤05 单击"生成"按钮，即可生成6张图片，效果见图4-16。需要注意的是，由于模型绘图的结果存在很大的不确定性，往往需要多次尝试才能获得令人满意的图片。为了实现让Stable Diffusion自动生图，用户可以调整"总批次数"和"单批数量"参数，从而省去了每次绘图后手动单击"生成"按钮的步骤。

4.1.6　设置提示词引导系数让AI更听话

提示词引导系数（CFG Scale）主要用来调节提示词对AI绘画效果的引导程度，参数取值范围为0～30，数值较高时AI绘制的图片会更符合提示词的要求，效果对比如图4-21所示。

扫码看教学视频

通常情况下，提示词引导系数的参数值建议设置为7～12，过低的参数值会导致图像的色彩饱和度降低；而过高的参数值则会产生粗糙的线条或过度锐化的图像细节，甚至可能会导致图像严重失真。

图 4-21　效果对比

下面介绍通过设置提示词引导系数让AI更听话的操作方法。

步骤01 进入"文生图"页面，选择一个写实类的大模型，输入相应的提示词，指定生成图像的画面内容，如图4-22所示。

图 4-22　输入相应的提示词

步骤02 在页面下方设置"提示词引导系数（CFG Scale）"为2，表示提示词与绘画效果的关联性较低，其他设置如图4-23所示。

图 4-23　设置相应的参数

步骤 03 单击"生成"按钮，即可生成相应的图片，且图片内容与提示词的关联性不大，效果见图4-21（左图）。

步骤 04 保持提示词和其他设置不变，设置"提示词引导系数（CFG Sale）"为10，表示提示词与绘画效果的关联性较高，如图4-24所示。

图 4-24　设置较高的提示词引导系数

步骤 05 单击"生成"按钮，即可生成相应的图片，且图片内容与提示词的关联性较大，画面的光影效果更突出、质量更高，效果见图4-21（右图）。

4.1.7　设置随机数种子复制和调整图片

在Stable Diffusion中，随机数种子（Seed，也称为随机种子或种子）可以理解为每张图片的唯一编码，能够帮助用户复制和调整生成

扫码看教学视频

57

的图片效果。当用户使用Stable Diffusion绘图时，若发现有中意的图片，此时就可以复制并锁定图片的随机数种子，让后面生成的图片更加符合自己的需求，效果如图4-25所示。

图 4-25　效果展示

★ 专 家 提 醒 ★

在 Stable Diffusion 中，随机数种子是使用一个 64 位的整数来表示的。如果将这个整数作为输入值，Stable Diffusion 会生成一张对应的图片。如果多次使用相同的随机数种子，则 Stable Diffusion 会生成相同的图片。

下面介绍通过设置随机数种子复制和调整图片的操作方法。

步骤 01 进入"文生图"页面，选择一个二次元风格的大模型，输入相应的提示词，指定生成图片的画面内容，如图4-26所示。

图 4-26　输入相应的提示词

步骤 02 在"生成"选项卡中，"随机数种子"参数的默认值为-1，表示随机生成图片，设置相应的参数，单击"生成"按钮，每次生成图片时都会随机生成一个新的Seed值，从而得到不同的结果，效果如图4-27所示。

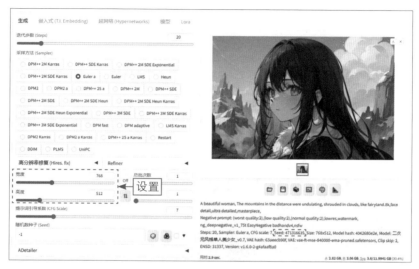

图 4-27　生成相应的图片和 Seed 值

步骤 03 在生成结果下方的图片信息中找到并复制Seed值，将其填入"随机数种子（Seed）"文本框内，如图4-28所示。

图 4-28　填入 Seed 值

步骤 04 单击"生成"按钮，则后续生成的图片将保持不变，每次得到的结果都会相同，效果见图4-25。

4.1.8　设置变异随机种子控制出图效果

除了"随机数种子"，在Stable Diffusion中用户还可以使用"变异随机种子"（different random seed，简称diff seed）来控制出图效果。

扫码看教学视频

59

"变异随机种子"是指在生成图片时，每次的扩散过程中都会使用不同的随机数种子，从而产生与原图不同的图片，可以将其理解为在原来的图片上进行叠加变化，效果如图4-29所示。

图4-29 效果展示

下面介绍通过设置"变异随机种子"控制出图效果的操作方法。

步骤01 在上一例效果的基础上，选中"随机数种子"右侧的复选框，展开该选项区域，可以看到"变异随机种子"参数的默认值为-1，表示绘画内容是随机的，保持该参数值不变，将"变异强度"设置为0.21，表示绘画内容的变异强度不大，如图4-30所示。

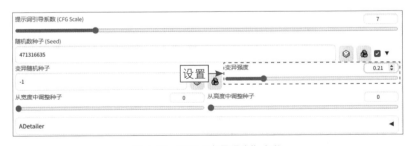

图4-30 设置"变异强度"参数

★ 专家提醒 ★

变异强度（diff intensity）表示原图与新图的差异程度。变异强度越大，则"变异随机种子"对图片的影响就越大。

步骤02 单击"生成"按钮，则后续生成的新图与原图比较接近，只有细微的差别，效果如图4-31所示。

图 4-31 生成的新图与原图比较接近

步骤03 将"变异强度"设置为0.5，其他参数保持不变，单击"生成"按钮，则后续生成的新图与原图差异更大，效果见图4-29。

4.2 Stable Diffusion 图生图

图生图是一种基于深度学习技术的图像生成方法，它可以将一张参考图通过转换得到另一张与之相关的新图片，这种技术广泛应用于计算机图形学、视觉艺术等领域。图生图功能突破了AI完全随机生成的局限性，为图片创作提供了更多的可能性，进一步增强了Stable Diffusion在商业设计等领域的应用价值。

本节将介绍Stable Diffusion图生图中的5大基本功能，并通过实际案例的演示，帮助大家了解如何利用这些技巧来创作出独特而有趣的图片。

4.2.1 使用图生图功能转换画面风格

通过Stable Diffusion的图生图功能，用户可以将一张图片转换成另一种风格，而无须手动进行复杂的操作。这种功能对设计师和艺术家来说非常有用，可以帮助他们快速探索不同的创意风格，并将自己的想法以全

扫码看教学视频

新的方式呈现出来。例如，将真人照片转换为二次元风格，可以用来制作社交媒体或自媒体平台的头像，原图和效果图对比如图4-32所示。

图 4-32　原图和效果图对比

下面介绍使用图生图功能转换画面风格的操作方法。

步骤01 进入"图生图"页面，上传一张原图，如图4-33所示。

步骤02 在页面上方的"Stable Diffusion模型"下拉列表框中，选择一个二次元风格的大模型，如图4-34所示。

图 4-33　上传一张原图　　　　　　　　图 4-34　选择二次元风格的大模型

步骤03 在页面下方设置"迭代步数（Steps）"为30、"采样方法
（Sampler）"为DPM++ 2M Karras，让图片的细节更丰富、精细，如图4-35所示。

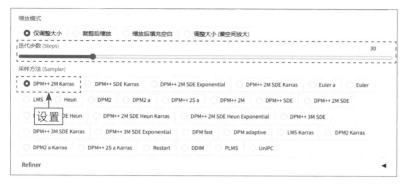

图 4-35　设置相应的参数

步骤 **04** 继续设置"重绘幅度"为0.5，让新图的效果更接近原图，如图4-36所示。

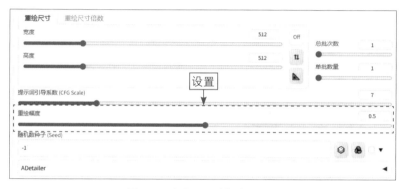

图 4-36　设置"重绘幅度"参数

步骤 **05** 在页面上方输入相应的提示词，重点写好反向提示词，避免生成低画质的图片，如图4-37所示。

图 4-37　输入相应的提示词

步骤 **06** 单击"生成"按钮，即可将真人照片转换为二次元风格，效果见

图4-32（右图）。

★ 专家提醒 ★

在 Stable Diffusion 中，重绘幅度主要用于控制在使用图生图功能重新绘制图片时的变化强度，较小的参数值会生成较柔和、逐渐变化的画面效果，而较大的参数值则会产生变化更强烈的画面效果。

4.2.2　使用涂鸦功能进行局部绘图

涂鸦功能可以让用户在涂抹的蒙版区域，按照指定的提示词生成自己想要的效果，从而更自由地创作和定制图片，原图与效果图对比如图4-38所示。

扫码看教学视频

图 4-38　原图与效果图对比

★ 专家提醒 ★

在"涂鸦"选项卡中，单击 按钮，在弹出的拾色器中可以选择相应的笔刷颜色。已被涂鸦的区域将会根据涂鸦的颜色进行改变，但是这种变化可能会对图片生成产生较大的影响，甚至会导致人物姿势的改变。需要注意的是，在涂鸦后不改变任何参数的情况下生成图片，即使是没有被涂鸦的区域也会发生一些变化。

下面介绍使用涂鸦功能进行局部绘图的操作方法。

步骤01 进入"图生图"页面，切换至"涂鸦"选项卡，上传一张原图，如图4-39所示。

步骤02 使用不同颜色的笔刷工具，在人物的颈部涂抹出一个项链形状的蒙版，如图4-40所示。

图 4-39　上传一张原图

图 4-40　涂抹出项链形状的蒙版

步骤03 选择一个写实类的大模型，输入相应的提示词，用于控制将要绘制的图像内容，如图4-41所示。

图 4-41　输入相应的提示词

步骤04 单击 ✎ 按钮，自动设置"宽度"和"高度"参数，将重绘尺寸调整为与原图一致，其他设置如图4-42所示。

步骤05 单击"生成"按钮，即可生成相应的项链图片，效果见图4-38（右图）。

图 4-42 设置相应的参数

4.2.3 使用局部重绘功能给人物换脸

局部重绘是Stable Diffusion图生图中的一个重要功能，它能够针对图片的局部区域进行重新绘制，从而做出各种创意性的图像效果。

局部重绘功能可以让用户更加灵活地控制图像的变化，它只对特定的区域进行修改和变换，而保持其他部分不变。例如，可以只修改图像中的人物脸部特征，从而实现人脸交换或面部修改等操作，常用于影视特效设计等场景中，原图与效果图对比如图4-43所示。

图 4-43 原图与效果图对比

下面介绍使用局部重绘功能给人物换脸的操作方法。

步骤 01 进入"图生图"页面，选择一个写实类的大模型，切换至"局部重绘"选项卡，上传一张原图，如图4-44所示。

步骤 02 单击右上角的 按钮，拖曳滑块，适当调大笔刷，如图4-45所示。

图 4-44 上传一张原图

图 4-45 适当调大笔刷

步骤 03 涂抹人物的脸部，创建相应的蒙版区域，如图4-46所示。

步骤 04 在页面下方设置"采样方法（Sampler）"为DPM++ 2M Karras，用于创建类似真人的脸部效果，如图4-47所示。

图 4-46 创建相应的蒙版区域

图 4-47 设置相应的参数

步骤 05 单击"生成"按钮，即可生成相应的新图，可以看到人物脸部出现了较大的变化，而其他部分则保持不变，效果见图4-43（右图）。

4.2.4　使用涂鸦重绘功能更换元素颜色

在之前的Stable Diffusion版本中涂鸦重绘又称为局部重绘（手涂蒙版），它其实就是"涂鸦+局部重绘"的结合，这个功能的出现是为了解决用户不想改变整张图片的情况下，实现更精准地对多个元素进行修改。例如，使用涂鸦重绘功能可以更换领带的颜色，原图与效果图对比如图4-48所示。

图 4-48　原图与效果图对比

★ 专家提醒 ★

涂鸦重绘功能有两种蒙版模式，即重绘蒙版内容（Paint-Mask）和重绘非蒙版内容（Invert-Mask），这两种模式主要用于控制重绘的内容和效果。

在涂鸦重绘功能的生成参数中，选中"重绘蒙版内容"单选按钮，蒙版仅用于限制重绘的内容，只有蒙版内的区域会被重绘，而蒙版外的部分则保持不变，这种模式通常用于对图像的特定区域进行修改或变换，通过在蒙版内绘制新的内容，可以实现局部重绘的效果；选中"重绘非蒙版内容"单选按钮，只有蒙版外的区域会被重绘，而蒙版内的部分则保持不变。

下面介绍使用涂鸦重绘功能更换元素颜色的操作方法。

步骤01 在"图生图"页面中，切换至"涂鸦重绘"选项卡，上传一张原图，如图4-49所示。

步骤02 将笔刷颜色设置为浅红色（RGB参数值分别为238、115、115），在图中的领带上进行涂抹，创建一个蒙版，如图4-50所示。

图 4-49 上传一张原图

图 4-50 创建一个蒙版

步骤03 选择一个写实类的大模型，输入提示词a red tie（一条红色的领带），用于指定蒙版区域的重绘内容，如图4-51所示。

图 4-51 输入相应的提示词

步骤04 在页面下方单击 ▧ 按钮，自动设置"宽度"和"高度"参数，将重绘尺寸调整为与原图一致，设置"重绘区域"为"仅蒙版区域"、"采样方法（Sampler）"为DPM++ 2M Karras，其他参数保持默认即可，如图4-52所示。注意，选中"仅蒙版区域"单选按钮，可以让AI只画蒙版中的区域，但可能会产生重影。

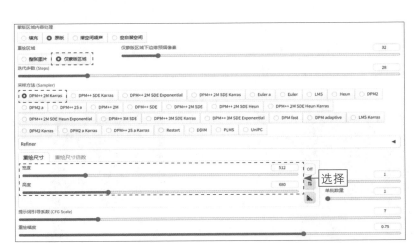

图 4-52　设置相应的参数

步骤 05 单击"生成"按钮，即可生成相应的新图，并将领带的颜色改为红色，图像其他部分则保持不变，效果见图4-48（右图）。

4.2.5　使用上传重绘蒙版功能更换背景

通过使用Stable Diffusion的上传重绘蒙版功能，用户可以手动上传一张黑白图片当作蒙版进行重绘，从而使原有蒙版中的细节能被完好地保留下来。例如，使用上传重绘蒙版功能更换图中的某些元素或颜色，如汽车广告的背景，操作起来会比涂鸦重绘功能更加便捷，原图与效果图对比如图4-53所示。

扫码看教学视频

图 4-53　原图与效果图对比

下面介绍使用上传重绘蒙版功能更换背景的操作方法。

步骤01 进入"图生图"页面，切换至"上传重绘蒙版"选项卡，分别上传原图和蒙版，如图4-54所示。

步骤02 在页面下方的"蒙版模式"选项区域，选中"重绘蒙版内容"单选按钮，其他设置如图4-55所示。注意，上传重绘蒙版和前面的局部重绘功能不同，上传蒙版中的白色代表重绘区域，黑色代表保持原样，因此这里一定要选中"重绘蒙版内容"单选按钮。

图4-54 上传原图和蒙版

图4-55 设置相应的参数

★ 专 家 提 醒 ★

需要注意的是，在"上传重绘蒙版"选项卡中上传的蒙版必须是黑白图片，不能带有透明通道，否则重绘部分会呈方形，与想要重绘的区域无法完全融合。

步骤03 选择一个写实类的大模型，输入相应的提示词，主要用于描述需要重绘的汽车广告背景内容，如图4-56所示。

图4-56 输入相应的提示词

步骤 04 单击"生成"按钮，即可生成相应的新图，汽车广告的背景发生了显著的变化，且重绘的背景能够与主体完美融合在一起，效果见图4-53（右图）。

★ 专家提醒 ★

在"图生图"页面中还有一个批量处理功能，它能够同时处理多张上传的蒙版并重绘图像，用户需要先设置好输入目录、输出目录等路径，如图4-57所示。批量处理的原理基本与上传重绘蒙版功能相同，因此这里不再赘述其操作过程。

图 4-57　批量处理功能的基本设置方法

需要注意的是，输入目录、输出目录等路径名称中不要携带任何中文或者特殊字符，不然 Stable Diffusion 会出现报错的情况，并且所有原图和蒙版的文件名称需要一致。当用户设置好参数之后，即可一次性重绘多张图片，能够极大地提升出图效率。

本章小结

本章主要介绍了Stable Diffusion的文生图和图生图功能，帮助读者快速上手并掌握这两种功能的使用方法。通过设置采样方法、迭代步数、高分辨率修复、图片尺寸、出图批次、提示词引导系数、随机数种子和变异随机种子等参数，读者可以提升出图效果和画面精细度；同时，本章还介绍了图生图、涂鸦、局部重绘和涂鸦重绘等功能，使读者可以轻松地转换图片风格并绘制出创意性的商业图片。通过对本章的学习，读者能够更好地掌握Stable Diffusion的基本绘图技巧。

课后习题

鉴于本章知识的重要性，为了帮助读者更好地掌握所学知识，本节将通过课后习题，帮助读者进行简单的知识回顾和补充。

1. 使用图生图功能将真实的照片场景转换为动漫插画风格，原图与效果图对比如图4-58所示。

扫码看教学视频

图 4-58 原图与效果图对比

2. 掌握Stable Diffusion图生图功能中重绘幅度的设置方法，尝试使用不同的参数出图，效果对比如图4-59所示。

扫码看教学视频

重绘幅度 0.2　　　　重绘幅度 0.7

图 4-59 效果对比

第 5 章　进阶玩法：SD 模型的下载与提示词的用法

在使用Stable Diffusion进行AI绘画的过程中，模型、提示词和生成参数三者相互影响，共同决定了最终的生成效果。模型提供了基础结构和风格，提示词会引导AI理解用户的创作需求，而生成参数则用于精细调整画面的细节和效果。上一章已经介绍了生成参数的设置技巧，本章将继续讲解模型和提示词的用法，帮助用户使用AI生成更符合预期、更具创意的商业绘画作品。

5.1 下载与使用 Stable Diffusion 模型

很多人安装好Stable Diffusion后，就会迫不及待地从网上复制一个提示词去生成图像，但发现结果跟别人的完全不一样，其实关键就在于选择的模型不正确。模型是Stable Diffusion出图时非常依赖的，出图的质量与可控性跟模型有直接关系。本节将介绍模型的下载和使用技巧，帮助大家快速掌握模型的用法。

5.1.1 通过启动器下载模型

通常情况下，用户安装完Stable Diffusion之后，其中只有一两个大模型，如果希望Stable Diffusion画出更多风格的图像，则需要给它安装更多的大模型。大模型的扩展名通常为.safetensors或.ckpt，同时它的体积较大，一般在2～8GB。下面以"绘世"启动器为例，介绍通过Stable Diffusion启动器下载模型的操作方法。

扫码看教学视频

步骤 01 打开"绘世"启动器程序，在主界面左侧单击"模型管理"按钮进入其界面，默认进入"Stable Diffusion模型"选项卡，下面以列表的形式显示了大模型。选择相应的大模型后，单击"下载"按钮，如图5-1所示。

图 5-1 单击"下载"按钮

★ 专 家 提 醒 ★

在 Stable Diffusion 中，目前共有以下 5 类模型。

·Checkpoint：基础底模型（需要单独使用）。基础底模型就是大模型（又称为主模型或底模），Stable Diffusion 主要是基于它来生成各种图像的。

·Embedding、Hypernetwork、LoRA：3 类辅助模型（需要配合基础底模型使用）。辅助模型可以对大模型进行微调，它是建立在大模型基础上的，不能单独使用。例如，Hypernetwork（又写为 Hypernetworks）的中文名称为超网络，它是一种神经网络架构，最重要的功能是转换画面的风格，也就是切换不同的画风。

·变分自编码器（Variational Auto-Encoders，VAE）：美化模型。美化模型是更细节化的处理方式，如优化图片色调或添加滤镜效果等。

步骤02 执行操作后，在弹出的命令行窗口中，根据提示按【Enter】键确认，即可自动下载相应的大模型，底部会显示下载进度和速度，如图5-2所示。

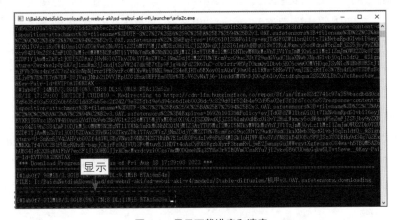

图5-2　显示下载进度和速度

步骤03 大模型下载完成后，在"Stable Diffusion模型"下拉列表框的右侧单击"SD模型：刷新"按钮，如图5-3所示，刷新模型列表。

图5-3　单击"SD 模型：刷新"按钮

★ 专家提醒 ★

"Stable Diffusion 模型"下拉列表框中显示的都是基础大模型，它们通常具有广泛的适用性和强大的 AI 绘画性能，适合初学者和需要快速获取结果的用户。使用最普遍的基础大模型就是 SD 系列，如 SD-v1.4、SD-v1.5、SD-v2（分别是 1.4、1.5 和2.0 版本）、SDXL 等，这些是 Stable Diffusion 自带的大模型。如果用户想自己训练大模型，SD 系列也是一个很好的起点，因为它们涵盖了各种绘画风格。

步骤 **04** 执行操作后，即可在"Stable Diffusion模型"下拉列表框中显示安装好的大模型，如图5-4所示。

图5-4　显示安装好的大模型

5.1.2　通过网站下载模型

扫码看教学视频

除了通过"绘世"启动器程序下载模型，用户还可以去CIVITAI、LiblibAI等模型网站下载更多的模型。图5-5所示为LiblibAI的"模型广场"页面，用户可以单击相应的标签来筛选自己需要的模型。

图5-5　LiblibAI 的"模型广场"页面

下面以LiblibAI网站为例，介绍下载模型的操作方法。

步骤 01 在"模型广场"页面中，用户可以根据缩略图来选择相应的模型，或者搜索并选择自己想要的模型，如图5-6所示。

图 5-6　选择相应的模型

步骤 02 执行操作后，进入该模型的详情页面，单击页面右侧的"下载"按钮，如图5-7所示，即可下载所选的模型。

图 5-7　单击"下载"按钮

步骤 03 下载好模型后，还需要将其存放到对应的文件夹中，才能让Stable Diffusion识别到这些模型。通常情况下，大模型存放在SD安装目录下的sd-webui-aki-v4.4\models\Stable-diffusion文件夹中。这里下载的是LoRA模型，需要将其放入SD安装目录下的sd-webui-aki-v4.4\models\LoRA文件夹中，同时将模型的效果图存放在该文件夹中，如图5-8所示。

图 5-8　LoRA 模型的存放位置

★ 专家提醒 ★

　　用户可以在对应模型的文件夹中放一张该模型生成的效果图，然后将图片名称与模型名称设置为一致，这样在 Stable Diffusion 中即可显示对应的模型缩略图，如图 5-9 所示，便于用户更好地选择模型。

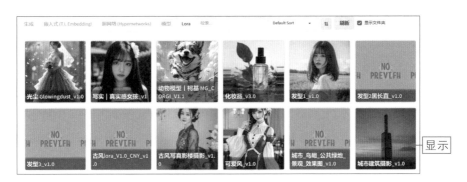

图 5-9　显示模型缩略图

5.1.3　通过大模型生成基础图像

　　大模型在Stable Diffusion中起着至关重要的作用，结合大模型的绘画能力，Stable Diffusion可以生成各种各样的图像。大模型还可以通过反推提示词的方式来实现图生图的功能，使得用户可以通过上传图像或输入提示词来生成风格相似的图像。

扫码看教学视频

总之，Stable Diffusion生成的图像质量好不好，归根结底就是看用户使用的Checkpoint好不好，因此要选择合适的大模型去绘图。即使是完全相同的提示词，大模型不一样，生成的图像风格差异也会很大，效果对比如图5-10所示。

图 5-10　效果对比

下面介绍通过大模型生成基础图像的操作方法。

步骤01 进入"文生图"页面，在"Stable Diffusion模型"下拉列表框中默认使用的是一个二次元风格的anything-v5-PrtRE.safetensors [7f96a1a9ca]大模型，输入相应的提示词，指定生成图像的画面内容，如图5-11所示。

图 5-11　输入相应的提示词

步骤 02 适当设置生成参数，单击"生成"按钮，即可生成与提示词描述相对应的图像，但画面偏二次元风格，效果如图5-12所示。

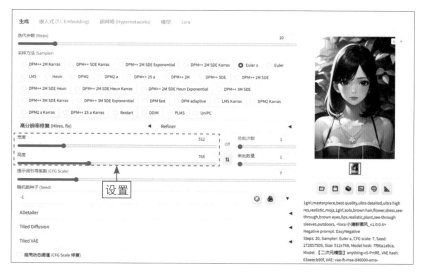

图 5-12　画面偏二次元风格的效果

步骤 03 在"Stable Diffusion模型"下拉列表框中选择一个写实类的大模型，如图5-13所示。注意，切换大模型需要等待一定的时间，用户可以进入"控制台"窗口中查看大模型的加载时间，加载完成后大模型才能生效。

图 5-13　选择一个写实类的大模型

★ 专家提醒 ★

在 Stable Diffusion 中，Checkpoint 是指那些经过训练以生成高质量、多样性和创新性图像的深度学习模型，这些模型通常由大型训练数据集和复杂的神经网络结构组成，能够生成各种风格和类型的图像。

　　Checkpoint 的中文意思是"检查点"，之所以叫这个名字，是因为在模型训练到关键位置时，会将其存档，类似于人们在玩游戏时保存游戏进度，这样做可以方便后续的调用和回滚（撤销最近的更新或更改，回到之前的一个版本或状态）操作。

　　步骤 04 大模型加载完成后，设置相应的采样方法，其他设置保持不变，单击"生成"按钮，即可生成写实风格的图像，效果如图5-14所示。

图 5-14　生成写实风格的图像效果

★ 专家提醒 ★

　　除此之外，用户还可以在"文生图"或"图生图"页面中的提示词输入框下方，切换至"模型"选项卡，查看和选择大模型，如图 5-15 所示。

图 5-15　切换至"模型"选项卡

5.1.4 通过Embedding模型微调图像

虽然Checkpoint模型包含大量的数据信息，但其动辄几吉字节（GB）的文件包使用起来不够轻便。有的时候，用户只需训练一个能体现人物特征的模型来使用，但如果每次都要对整个神经网络的参数进行微调，操作起来未免过于烦琐。此时，Embeddings模型便闪亮登场了。

例如，避免错误画手、脸部变形等信息都可以通过调用Embeddings模型来解决，著名的EasyNegative就是这类模型，效果对比如图5-16所示。通过该案例中的两次出图效果对比可以看到，使用EasyNegative模型（右图）可以有效提升画面的精细度，避免出现模糊、灰色调、面部扭曲等情况。

图5-16 效果对比

★ 专家提醒 ★

Embeddings又称为嵌入式向量，它是一种将高维对象映射到低维空间的技术。从形式上来说，Embedding是一种将对象表示为低维稠密向量的方法。这些对象可以是一个词（Word2Vec）、一件物品（Item2Vec）或网络关系中的某个节点（Graph Embedding）。

在Stable Diffusion模型中，文本编码器的作用是将提示词转换为计算机可以识别的文本向量，而 Embedding 模型的原理则是通过训练将包含特定风格特征的信息映射在其中。这样，在输入相应的提示词时，AI 会自动启用这部分文本向量来进行绘制。Embeddings 模型主要是针对提示词的文本部分进行训练的，因此该训练方法被称为 Textual Inversion（文本倒置）。

Embeddings 的模型文件普遍都非常小，有的大小可能只有几十字节（KB）。为什么模型之间会有如此大的体积差距呢？相比之下，Checkpoint 就像是一本厚厚的字典，里面收录了图片中大量元素的特征信息；而 Embeddings 则像是一张便利贴，它本身并没有存储很多信息，而是将所需的元素信息提取出来进行标注。

下面介绍通过Embedding模型微调图像的操作方法。

步骤01 进入"文生图"页面，选择一个写实类的大模型，输入相应的正向提示词，指定生成图像的画面内容，如图5-17所示。

图 5-17　输入相应的正向提示词

步骤02 适当设置生成参数，单击"生成"按钮，即可生成相应的图像，这是完全基于大模型绘制的效果，人物的手部和脸部都出现了明显的变形，如图5-18所示。

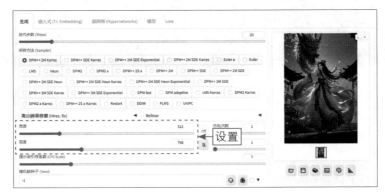

图 5-18　生成相应的图像效果

步骤03 单击反向提示词输入框，切换至"嵌入式（T.I. Embedding）"选项卡，在其中选择EasyNegative模型，即可将其自动填入到反向提示词输入框中，如图5-19所示。EasyNegative模型是一个包含多种常见反向提示词的集合。

图 5-19　选择 EasyNegative 模型

步骤 04 保持其他生成参数保持设置不变，单击"生成"按钮，即可调用EasyNegative模型中的反向提示词来生成图像，画质更好，效果如图5-20所示。

图 5-20　使用 EasyNegative 模型生成的图像效果

★ 专家提醒 ★

注意，Embedding 模型也有一定的局限性，由于没有改变主模型的权重参数，因此它很难教会主模型去绘制没有见过的图像内容，也很难改变图像的整体风格，通常用来固定人物角色或画面内容的特征。

5.1.5　通过LoRA模型固定画风

LoRA（Low-Rank Adaptation of Large Language Models）即大型语言模型的低阶适应。

扫码看教学视频

LoRA最初应用于大型语言模型（以下简称为大模型），因为直接对大模型进行微调，不仅成本高，而且速度慢，再加上大模型的体积庞大，因此性价比很低。LoRA通过冻结原始大模型，并在外部创建一个小型插件来进行微调，从而避免了直接修改原始大模型，这种方法既成本低又速度快，而且插件式的特点使得它非常易于使用。

后来人们发现，LoRA在绘画类大模型上的表现非常出色，固定画风或人物样式的能力非常强大，只要是图片上的特征，LoRA都可以提取并训练，其作用包括对人物的脸部特征进行复刻、生成某一特定风格的图像、固定动作特征等。因此，LoRA的应用范围逐渐扩大，并迅速成为一种流行的AI绘画技术，效果对比如图5-21所示。

图 5-21 效果对比

下面介绍通过LoRA模型固定画风的操作方法。

步骤 01 进入"文生图"页面，选择一个2.5D（2.5 Dimensional，二维半）动画类的大模型，输入相应的提示词，指定生成图像的画面内容，如图5-22所示。

图 5-22 输入相应的提示词

步骤02 适当设置生成参数，单击"生成"按钮，即可生成相应的图像。这是没有使用LoRA模型的效果，狮子的形象偏写实风格，效果如图5-23所示。

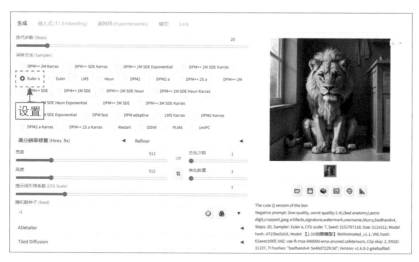

图 5-23 没有使用 LoRA 模型的效果

步骤03 切换至LoRA选项卡，选择一个用于生成知识产权（Intellectual Property，IP）形象的LoRA模型，如图5-24所示。

图 5-24 选择相应的 LoRA 模型

★ 专 家 提 醒 ★

在 LoRA 模型的提示词中，可以对其权重值进行设置，具体可以查看每款 LoRA 模型的介绍。需要注意的是，LoRA 模型的权重值尽量不要超过 1，否则容易生成效果很差的图。大部分单个 LoRA 模型的权重值可以设置为 0.6 ~ 0.9，能够提高出图质量。如果只想带一点点 LoRA 模型的元素或风格，则将权重值设置为 0.3 ~ 0.6 即可。

步骤04 执行操作后，即可将LoRA模型添加到正向提示词输入框中，如图5-25所示。需要注意的是，有触发词的LoRA模型一定要使用触发词，这样才能将相应的元素触发出来。

图 5-25 将 LoRA 模型添加到正向提示词输入框中

步骤05 保持生成参数不变，单击"生成"按钮，即可生成相应的IP形象图像，效果如图5-26所示。一个好的IP形象设计能够为品牌赋予独特的视觉形象，使品牌在同质化竞争中脱颖而出。

图 5-26 使用 LoRA 模型生成的图像效果

5.2 使用与反推 Stable Diffusion 提示词

Stable Diffusion中的提示词也叫tag，它是一种文本描述信息，用于指导生成图像的方向和画面内容。提示词可以是关键词、短语或句子，用于描述所需的图像样式、主题、风格、颜色、纹理等。通过提供清晰的提示词，可以帮助Stable

Diffusion生成更符合用户需求的商业图像效果。

5.2.1　通过正向提示词绘制画面内容

Stable Diffusion的提示词输入框分为两部分，上面为正向提示词
（Prompt）输入框，下面为反向提示词（Negative prompt）输入框，
如图5-27所示。

图 5-27　Stable Diffusion 的提示词输入框

Stable Diffusion中的正向提示词是指那些能够引导模型生成符合用户需求的
图像结果的提示词，这些提示词可以描述所需的全部图像信息。正向提示词可
以是各种内容，以提高图像质量，如masterpiece（杰作）、best quality（最佳质
量）、extremely detailed face（极其细致的面部）等。这些提示词可以根据用户
的需求和目标来定制，以帮助模型生成更高质量的图像，效果如图5-28所示。

图 5-28　效果展示

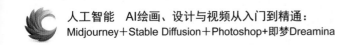

下面介绍通过正向提示词绘制画面内容的操作方法。

步骤01 进入"文生图"页面，选择一个写实类的大模型，输入相应的正向提示词，如图5-29所示。注意，按回车键换行并不会影响提示词的效果。

图 5-29 输入相应的正向提示词

★ 专 家 提 醒 ★

下面介绍一个简单的提示词书写公式，即"画面质量＋画面风格＋画面主体＋画面场景＋其他元素"，对应的说明如下。

（1）画面质量：通常为起手通用提示词，为模型提供了一个明确的方向。

（2）画面风格：包括绘画风格、构图方式等描述。

（3）画面主体：包括人物、物体等细节描述。

（4）画面场景：包括环境、点缀元素等细节描述。

（5）其他元素：包括视角、特色、光线等描述。

步骤02 设置"采样方法（Sampler）"为DPM++ 2M Karras、"宽度"为512、"高度"为680、"总批次数"为2，适当提高生成图像的质量和分辨率，如图5-30所示。

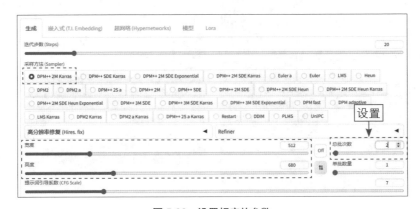

图 5-30 设置相应的参数

步骤03 单击"生成"按钮，即可生成与提示词描述相对应的图像，但画面有些模糊，整体质量不佳，效果见图5-28。

5.2.2 通过反向提示词排除画面内容

Stable Diffusion中的反向提示词（又称为负向提示词）是用来描述不希望在所生成图像中出现的特征或元素的提示词。反向提示词可以帮助模型排除某些特定的内容或特征，从而使生成的图像更加符合用户的需求。

下面在上一例效果的基础上，输入相应的反向提示词，对图像进行优化和调整，让图像细节更清晰、完美，效果如图5-31所示。

图 5-31　效果展示

★ 专 家 提 醒 ★

需要注意的是，反向提示词可能会对生成的图像产生一定的限制，因此用户需要根据具体需求进行权衡和调整。

下面介绍通过反向提示词排除画面内容的操作方法。

步骤01 在"文生图"页面中，输入相应的反向提示词，主要用于避免模型生成低画质的图像，如图5-32所示。

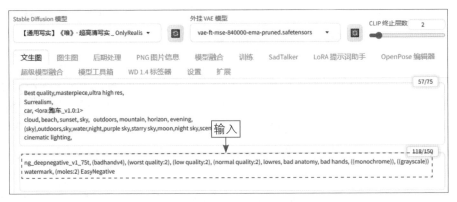

图 5-32　输入相应的反向提示词

步骤 02 单击"生成"按钮，在生成与提示词描述相对应的图像的同时，画面质量会更好一些，效果见图5-31。

5.2.3　通过预设提示词快速生成图像

当用户找到比较中意的提示词后，可以将其保存下来，便于下次出图时能够快速调用预设提示词，提升出图效率，效果如图5-33所示。

扫码看教学视频

图 5-33　效果展示

下面介绍通过预设提示词快速生成图像的操作方法。

步骤 01 在"文生图"页面中的"生成"按钮下方，单击"编辑预设样式"按钮 ✎，如图5-34所示。

图 5-34　单击"编辑预设样式"按钮

步骤 02 执行操作后，弹出相应的对话框，输入相应的预设样式名称和提示词，如图5-35所示，依次单击"保存"按钮保存预设样式提示词，并单击"关闭"按钮退出。

图 5-35　输入相应的预设样式名称和提示词

★ 专 家 提 醒 ★

　　目前，大部分AI模型都是基于英文进行训练的，因此输入的提示词主要支持英文，并可能包含一些辅助AI模型理解的数字和符号。由于AI模型能够直接生成图像，无须经历传统的手绘或摄影过程，国内的一些AI爱好者便将这一过程比喻为"施展魔法"。在这种比喻中，提示词就像是施放魔法的"咒语"，而生成参数则是增强魔法效果的"魔杖"。

步骤 03 根据提示词的内容适当调整生成参数，在"预设样式"下拉列表框中选择前面创建的预设样式，如图5-36所示。

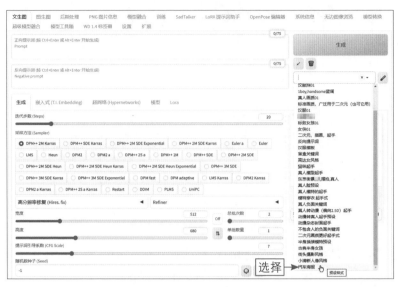

图 5-36　选择前面创建的预设样式

步骤 04 此时不需要写任何提示词，直接单击"生成"按钮，Stable Diffusion 会自动调用该预设样式中的提示词，并快速生成相应的图像，效果见图5-33。

★ 专家提醒 ★

用户可以进入安装 Stable Diffusion 的根目录，找到一个名为 styles.csv 的数据文件，打开该文件后即可编辑预设样式中的提示词，如图 5-37 所示。修改提示词后，单击保存按钮，即可自动同步应用到 Stable Diffusion 的预设样式中。

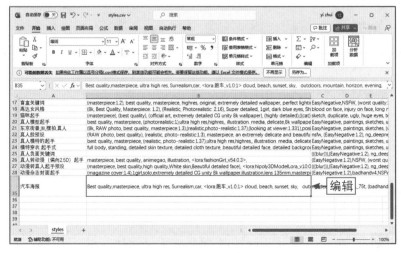

图 5-37　编辑预设样式中的提示词

5.2.4　通过CLIP反推提示词

扫码看教学视频

基于对比文本—图像对的预训练模型（Contrastive Language-Image Pre-training，CLIP）反推提示词是根据用户在"图生图"页面中上传的图片，使用自然语言来描述图像信息的。由于CLIP已经学习了大量的文本—图像对（一种包含文本描述和对应图像的数据组合），因此可以生成相对准确的文本描述。

从整体来看，CLIP喜欢反推自然语言风格的长句子提示词，这种提示词对AI的控制力度比较差，但是大体的画面内容还是基本一致的，只是风格变化较大，原图与效果图对比如图5-38所示。

图 5-38　原图与效果图对比

下面介绍通过CLIP反推提示词的操作方法。

步骤01 在"图生图"页面中上传一张原图，单击"CLIP反推"按钮，稍等片刻（时间较长），即可在正向提示词输入框中反推出原图的提示词，基本能够将原图中的元素描述出来，如图5-39所示。然后复制反推的提示词。

图 5-39　使用 CLIP 反推提示词

★ 专家提醒 ★

CLIP反推的提示词并不是直接从文本生成图像，而是通过训练好的模型将给定的图像与文本描述进行关联。通过训练模型来学习图像和文本之间的映射关系，CLIP模型能够理解图像中的内容并将其与相应的文本描述关联起来。

需要注意的是，CLIP生成的文本描述可能与原始提示词并不完全一致，但仍然能够传达图像的主要内容。

步骤 02 将提示词粘贴到"文生图"页面的正向提示词输入框中，选择一个写实类的大模型，并输入相应的反向提示词，提升AI的出图效果，如图5-40所示。

图 5-40 输入相应的提示词

步骤 03 适当设置生成参数，单击"生成"按钮，可以看到根据提示词生成的图像基本符合原图的各种元素，但由于模型和生成参数设置的差异，图像还是会有所不同，效果如图5-41所示。

图 5-41 根据提示词生成的图像效果

5.2.5　通过DeepBooru反推提示词

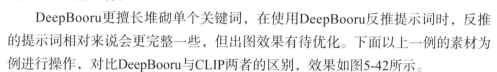
扫码看教学视频

DeepBooru是一个用于识别图像的工具，它可以帮助用户进行反向推理提示词。具体来说，用户可以通过使用DeepBooru来提取图像的关键词标签，这些标签可以用于描述图像的内容、风格或其他特征。然后，这些标签可以作为提示词输入到Stable Diffusion中，以生成与原始图像相似或具有相关特征的新图像。

DeepBooru更擅长堆砌单个关键词，在使用DeepBooru反推提示词时，反推的提示词相对来说会更完整一些，但出图效果有待优化。下面以上一例的素材为例进行操作，对比DeepBooru与CLIP两者的区别，效果如图5-42所示。

图 5-42　效果展示

下面介绍通过DeepBooru反推提示词的操作方法。

步骤01 在"图生图"页面中上传一张原图，单击"DeepBooru反推"按钮，反推出原图的提示词，可以看到风格跟我们平时用的提示词相似，都是使用多组关键词的形式进行展示的，如图5-43所示。然后复制反推的提示词。

图 5-43　使用 DeepBooru 反推提示词

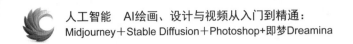

步骤 02 将提示词粘贴到"文生图"页面的正向提示词输入框中，并保持上一例的大模型、反向提示词和生成参数不变，如图5-44所示。

图 5-44 粘贴反推的提示词

步骤 03 单击两次"生成"按钮，根据反推提示词生成的图像跟原图也有较大的区别，甚至还会多出一些元素，效果见图5-42。

5.2.6 通过Tagger反推提示词

扫码看教学视频

WD 1.4标签器（Tagger）是一款优秀的提示词反推插件，其精准度比DeepBooru更高。下面仍然以5.2.4一节的素材为例进行操作，对比Tagger与前面两种提示词反推工具的区别，效果如图5-45所示。

图 5-45 效果展示

下面介绍使用Tagger反推提示词的操作方法。

步骤 01 进入"WD 1.4标签器"页面，上传一张原图，Tagger会自动反推提示词，并显示在右侧的"标签"文本框中，如图5-46所示。

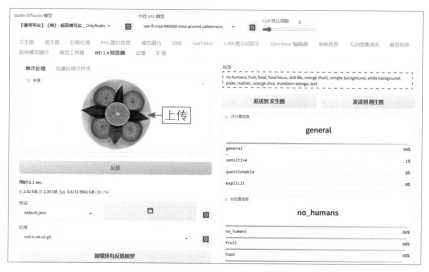

图 5-46　使用 Tagger 反推提示词

步骤02 Tagger同时还会对提示词进行分析，单击"发送到文生图"按钮，进入"文生图"页面，会自动填入反推出来的提示词。保持上一例的大模型、反向提示词和生成参数不变，单击两次"生成"按钮，即可生成相应的图像，画面中元素的还原度要优于前面两种反推工具，效果如图5-47所示。

图 5-47　使用 Tagger 反推的提示词生成相应的图像效果

★ 专家提醒 ★

相比 Stable Diffusion 自带的反推 tab 工具，Tagger 插件反推的关键词更精准，生成的图像效果也更接近原图效果。此外，Tagger 插件还提供了标签分析和排名展示功能，使得用户能够更深入地了解各个关键词与生成图片之间的关系，是 Stable Diffusion 的必备插件之一。

需要注意的是，Tagger 使用结束后，记得单击"卸载所有反推模型"按钮，如图 5-48 所示，否则 Tagger 反推模型会占用很大的显存。

图 5-48　单击"卸载所有反推模型"按钮

本章小结

本章详细介绍了 Stable Diffusion 模型和提示词的进阶玩法，如通过启动器、网站等方式下载模型，并利用不同的模型进行图像生成和微调；同时，还介绍了正向提示词、反向提示词和预设提示词的应用技巧，以及利用 CLIP、DeepBooru 和 Tagger 等工具反推提示词的方法。通过对本章的学习，读者将能够熟练掌握 Stable Diffusion 模型与提示词的使用技巧，为创作出更加生动、丰富的商业图像作品提供有力支持。

课后习题

鉴于本章知识的重要性，为了帮助读者更好地掌握所学知识，本节将通过课后习题，帮助读者进行简单的知识回顾和补充。

1. 使用Stable Diffusion生成游戏场景图，效果如图5-49所示。

扫码看教学视频

图 5-49 效果展示

2. 使用Stable Diffusion生成新海诚动漫风格的插图，效果如图5-50所示。

扫码看教学视频

图 5-50 效果展示

第 6 章　高手实战：使用 SD 生成商业绘画作品

本章将通过3个典型的Stable Diffusion实战案例，帮助大家更好地掌握这种强大的AI绘画工具，成为AI商业图像设计高手。这些案例涵盖了不同的行业和应用领域，通过这些案例，大家可以了解Stable Diffusion的基本原理和操作方法，并掌握各种AI绘画作品的生成技巧和操作要点。

6.1 AI影楼广告设计实战：古风人像

本案例主要介绍古风人像效果的生成技巧，画面中的人物非常逼真，不仅人物的神态、动作十分自然，而且皮肤的纹理细节栩栩如生，可以用于影楼广告等营销场景。例如，影楼商家可以将效果图上传到美团App的"商家相册"中，吸引更多的潜在消费者，效果与应用场景如图6-1所示。

图6-1　效果展示与应用场景

6.1.1　绘制人物主体效果

下面先选择一个写实类的大模型，然后输入相应的提示词，绘制出人物主体效果，具体操作方法如下。

扫码看教学视频

步骤 **01** 进入"文生图"页面，选择一个写实类的大模型，主要用于生成人像照片，如图6-2所示。

图 6-2　选择一个写实类的大模型

步骤 02 输入相应的提示词，包括画面主体和背景描述等，如图6-3所示。

图 6-3　输入相应的提示词

步骤 03 适当设置生成参数，单击"生成"按钮，生成相应的图像效果，如图6-4所示，画面中的人物具有较强的真实感，但细节不够丰富。

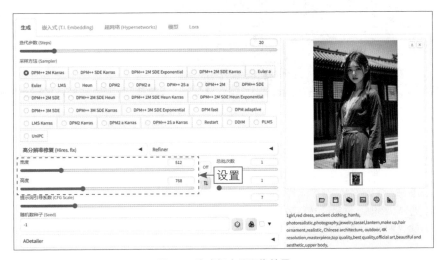

图 6-4　生成相应的图像效果

6.1.2　添加古风元素

下面主要在提示词中添加一个古风类的LoRA模型，在效果图中融入更多的传统文化元素，具体操作方法如下。

步骤01 切换至LoRA选项卡，选择相应的古风类LoRA模型，该LoRA模型能够生成具有古风特色的人像效果，将该LoRA模型添加到提示词输入框中，将LoRA模型的权重值设置为0.6，适当降低LoRA模型对AI的影响，如图6-5所示。

图 6-5　添加 LoRA 模型并设置其权重值

步骤02 其他生成参数保持不变，单击"生成"按钮，生成相应的图像，可以看到画面中的古风元素更加丰富，效果如图6-6所示。

图 6-6　生成相应的图像效果

105

6.1.3　增加人物脸部细节

在使用Stable Diffusion生成人物图像时，建议大家使用ADetailer插件来修复人物脸部，使其细节更加丰富，具体操作方法如下。

步骤01 展开ADetailer选项区域，选中"启用After Detailer"复选框，以启用该插件，在"After Detailer模型"列表框中选择face_yolov8n.pt选项，该模型适合修复真实人脸，如图6-7所示。

图 6-7　选择 face_yolov8n.pt 选项

步骤02 其他生成参数保持不变，单击"生成"按钮，即可生成相应的图像，在图像下方单击"发送图像和生成参数到后期处理选项卡"按钮，如图6-8所示。

图 6-8　单击"发送图像和生成参数到后期处理选项卡"按钮

步骤 **03** 执行操作后，即可将图像发送到"后期处理"页面的"单张图片"选项卡中，设置"缩放比例"为2、"放大算法1"为R-ESRGAN 4x+，单击"生成"按钮，即可将效果图放大两倍，效果如图6-9所示。

图6-9 将效果图放大两倍

★ 专家提醒 ★

R-ESRGAN 4x+是一种图像超分辨率重建算法，全称为Real-Time Enhanced Super-Resolution Generative Adversarial Network 4x+（实时增强超分辨率生成对抗性网络4倍+）。R-ESRGAN 4x+基于生成式对抗网络进行设计，是增强型超分辨率生成对抗性网络（Enhanced Super-Resolution Generative Adversarial Networks，ESRGAN）的改进版本之一。

R-ESRGAN 4x+算法在提高图像分辨率的同时，能够增加图像的细节和纹理，并且生成的图像质量比传统方法更高。R-ESRGAN 4x+在许多图像增强任务中都取得了很好的效果，如图像超分辨率、图像锐化和图像去噪等。

例如，在Stable Diffusion中，用户可以使用R-ESRGAN 4x+算法来处理图像，轻松将原图放大4倍，同时充分保留原图的细节连贯性。

6.2 AI商品图像设计实战：护肤品

通过Stable Diffusion这种神奇的AI绘画工具，让商品图像设计不再局限于传统的设计方式，而是可以突破传统的界限，勇敢尝试全新的设计元素，令人仿佛能够触摸到其中的质感和颜色。本案例主要使用Stable Diffusion生成护肤品图像，可以用于商品包装设计、商品主图设计等商用场景，效果如图6-10所示。

图 6-10　效果展示

6.2.1　选择合适的大模型

下面主要通过输入提示词，然后使用写实类的大模型来生成图像，具体操作方法如下。

扫码看教学视频

步骤01 进入"文生图"页面，选择一个写实类的大模型，可以增强AI出图效果的真实感，如图6-11所示。

图 6-11　选择一个写实类的大模型

步骤02 输入相应的正向提示词，告诉AI你需要生成的主体图像，如
Skincare products（护肤品），如图6-12所示。

图 6-12　输入相应的正向提示词

步骤03 设置"采样方法（Sampler）"为DPM++ SDE Karras，其他参数保
持默认设置即可，单击"生成"按钮，生成相应的图像。AI只是简单地画出了一
些化妆品元素，同时还出现了不必要的人物模特，效果如图6-13所示。

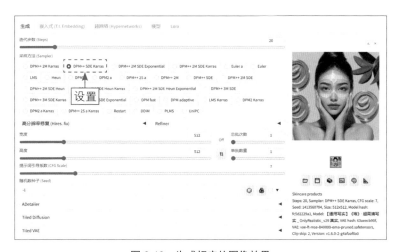

图 6-13　生成相应的图像效果

★ 专家提醒 ★

DPM++ SDE karras 采样器对迭代步数的要求相对较低，且在提示词引导系数值
过低的情况下，画面变化会较小。

6.2.2　添加细节提示词

扫码看教学视频

下面主要通过添加更多的细节提示词和反向提示词，让画面元素
更加丰富，同时提升画质，具体操作方法如下。

步骤 01 在"文生图"页面中，输入相应的正向提示词和反向提示词，主要
添加了一些细节元素的描述，同时还加入了提升画面质量的提示词，如图6-14
所示。

图 6-14　输入相应的提示词

步骤 02 其他参数保持默认设置即可，单击"生成"按钮，生成相应的图像
效果，可以看到画面的质量更好、主体更突出，如图6-15所示。

图 6-15　生成相应的图像效果

★ 专家提醒 ★

Stable Diffusion 中的提示词可以使用自然语言和用逗号隔开的单词来书写，具有很大的灵活性和可变性，用户可以根据具体需求对提示词进行更复杂的组合和应用。

6.2.3　添加专用LoRA模型

扫码看教学视频

接下来在提示词中添加一个专用的LoRA模型，主要用于生成"泼水"的背景效果，具体操作方法如下。

步骤01 切换至LoRA选项卡，选择相应的LoRA模型，如图6-16所示，该LoRA模型专用于化妆品、护肤品等商品图像设计。

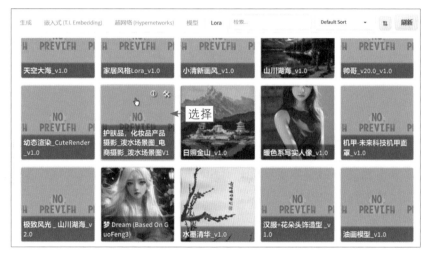

图 6-16　选择相应的 LoRA 模型

步骤02 执行操作后，将LoRA模型添加到提示词输入框中，设置其权重值为0.9，适当降低LoRA模型对AI的影响，如图6-17所示。

图 6-17　添加 LoRA 模型并设置权重值

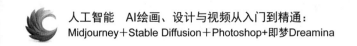

步骤03 单击"生成"按钮，生成相应的图像，画面中护肤品的主体效果会更加突出，如图6-18所示。

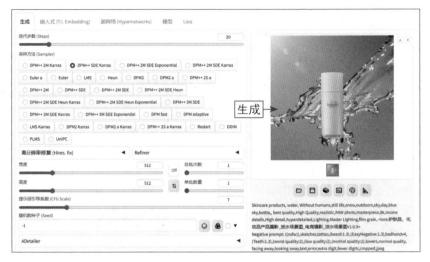

图 6-18 生成相应的图像效果

6.2.4 开启高分辨率修复功能

扫码看教学视频

接下来开启高分辨率修复功能，让Stable Diffusion对图像进行扩大，直接生像素较高的图像，具体操作方法如下。

步骤01 展开"高分辨率修复（Hires.fix）"选项区域，选择Latent放大算法，"放大倍数"默认为2，也就是说可以放大两倍，并设置"宽度"为512、"高度"为768，将画面调整为竖图，如图6-19所示。

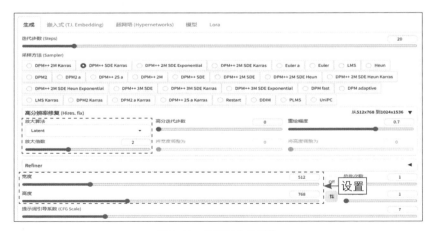

图 6-19 设置相应的参数

★ 专家提醒 ★

　　在默认情况下，使用文生图功能绘图时，高分辨率的参数设置下可能会生成较为混沌的图像。然而，如果使用高分辨率修复功能，系统会首先按照指定的尺寸生成一张图像，然后通过先进的放大算法将图像的分辨率扩大，以生成高清大图。

　　其中，Latent是一种基于潜在空间的放大算法，可以在潜在空间中对图像进行缩放。Latent放大算法不会像其他升级器（如ESRGAN）那样可能引入升级伪影（upscaling artifacts）。因为它的原理与Stable Diffusion一致，都是使用相同的解码器生成图像，从而确保图像风格的一致性。

　　Latent放大算法的不足之处在于它会在一定程度上改变图像，具体取决于重绘幅度（也可以称为去噪强度）的值。通常情况下，重绘幅度值必须高于0.5，否则会得到模糊的图像。

　　另外，当重绘幅度值为0.5时，会导致图像的颜色和光影发生显著改变；而当该值为0.75时，可能会对图像的结构和人物姿态造成明显的改变。因此，通过调整重绘幅度值，可以实现对图像不同程度的再创作。

　　步骤 02 单击两次"生成"按钮，即可生成两张图像，画面细节会比之前生成的效果更清晰，效果如图6-20所示。

图6-20　生成两张图像

6.2.5　使用Depth控制光影

最后使用ControlNet插件中的Depth模型，有效地控制画面的光影，进而提升图像的视觉效果，具体操作方法如下。

扫码看教学视频

步骤 01 展开ControlNet选项区域，上传一张原图，分别选中"启用"复选框（启用ControlNet插件）、"完美像素模式"复选框（自动匹配合适的预处理器分辨率）、"允许预览"复选框（预览预处理结果），如图6-21所示。

图 6-21　分别选中相应的复选框

步骤 02 在ControlNet选项区域下方，选中"Depth（深度）"单选按钮，并分别选择depth_zoe（ZoE深度图估算）预处理器和相应的模型，如图6-22所示。

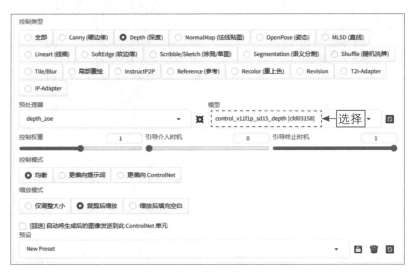

图 6-22　选择相应的预处理器和模型

★ 专家提醒 ★

　　ZoE是一种独特的深度信息计算方法，它将度量深度估计和相对深度估计相结合，以精确估算图像中每个像素的深度信息。ZoE具有出色的深度信息计算能力，可以将已有的深度信息数据集有效地应用于新的目标数据集上，从而实现零样本（Zero-shot）深度估计。

步骤03 单击Run preprocessor按钮✾，即可生成深度图，比较完美地还原原图场景中的景深关系，如图6-23所示。

图 6-23　生成深度图

步骤04 单击"生成"按钮，即可生成相应的图像，可以通过Depth来控制画面中物体投射阴影的方式、光的方向及景深关系，效果如图6-24所示。

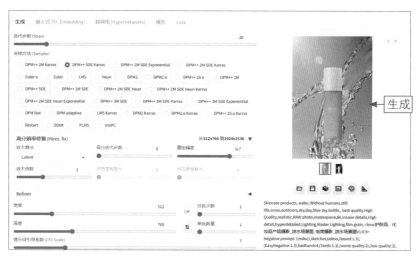

图 6-24　生成相应的图像效果

6.3　AI 电商模特设计实战：可爱女装

在当今的电子商务领域，精美的产品图片和模特形象往往是吸引消费者注意力的关键因素。但是，传统的模特拍摄通常需要高昂的成本和烦琐的流程，对许多中小型企业来说，这是一项巨大的负担。

Stable Diffusion利用深度学习和图像生成技术，可以快速生成高质量的模特图像，大大降低了拍摄成本和时间。通过调整提示词和模型，Stable Diffusion可以生成不同风格、造型和环境下的电商模特图像，满足不同产品的个性化展示需求。本节主要介绍女装模特的绘制流程，并展示Stable Diffusion在电商模特绘制中的具体应用技巧，效果如图6-25所示。

图 6-25　效果展示

6.3.1　制作骨骼姿势图

使用OpenPose编辑器可以制作人物的骨骼姿势图，用于固定Stable Diffusion生成的人物姿势，使其能够更好地配合服装的展示需求，具体操作方法如下。

步骤01 进入Stable Diffusion中的"扩展"页面，切换至"可下载"选项卡，单击"加载扩展列表"按钮，加载扩展列表，在搜索框中输入OpenPose，在搜索结果中单击"sd-webui-openpose-editor后期编辑"插件右侧的"安装"按钮，如图6-26所示，即可进行安装。

图6-26　单击"安装"按钮

★ 专家提醒 ★

在 AI 绘画软件 Stable Diffusion 中，控制人物姿势的方法有很多种，其中最简单的方法是在正向提示词中加入动作关键词，例如 Sit（坐）、walk（走）和 run（跑）等。然而，如果想要更精确地控制人物的姿势，就会变得比较困难，主要原因如下。

首先，使用自然语言精确描述一个姿势是相当困难的。

其次，Stable Diffusion 生成的人物姿势具有一定的随机性，就像抽盲盒一样。

这时，OpenPose 编辑器就能很好地解决这个问题，它不仅允许用户自定义调整人物的骨骼姿势，而且还可以通过图片识别人物姿势，从而实现精确控制人物姿势的效果。通过 OpenPose 编辑器，用户可以更准确地调整人物的姿势、方向、动作等，使人物形象更加生动、逼真。

步骤02 插件安装完成后，切换至"已安装"选项卡，单击"应用更改并重启"按钮，如图6-27所示，重启WebUI。

步骤03 重启WebUI后，进入"OpenPose编辑器"页面，单击"重置"按钮，删除默认的骨骼姿势，单击"从图像中提取"按钮，如图6-28所示。

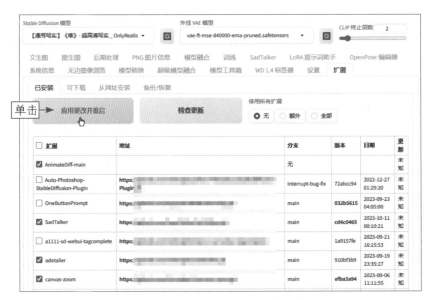

图 6-27　单击"应用更改并重启"按钮

图 6-28　单击"从图像中提取"按钮

★ 专家提醒 ★

OpenPose 编辑器主要用于控制人物的肢体动作和表情特征，它被广泛用于人物图像的绘制。OpenPose 编辑器的主要特点是能够检测到人体结构的关键点，如头部、肩膀、手肘、膝盖等部位，同时忽略人物的服饰、发型、背景等细节元素。

步骤04 执行操作后，弹出"打开"对话框，选择相应的素材图片，单击

"打开"按钮，即可自动提取图片中的人物骨骼姿势，单击"保存为PNG格式"
按钮，如图6-29所示，保存制作好的骨骼姿势图。

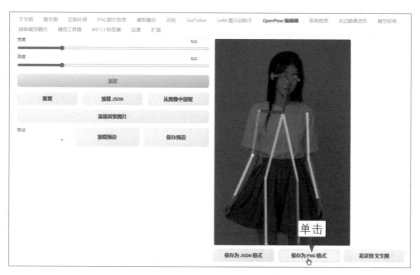

图 6-29　单击"保存为 PNG 格式"按钮

6.3.2　选择合适的模型

本节主要使用一个写实类的大模型，并配合生成人物专用的
LoRA模型，同时添加需要生成的画面提示词，具体操作方法如下。

扫码看教学视频

步骤01 进入"图生图"页面，选择一个写实类的大模型，这个大模型生成
的人物图像具有较强的真实感，如图6-30所示。

图 6-30　选择一个写实类的大模型

步骤02 输入相应的正向提示词和反向提示词，如图6-31所示。注意，正向
提示词只需描述需要绘制的图像内容即可。

图 6-31 输入相应的正向提示词和反向提示词

步骤03 切换至LoRA选项卡，选择相应的LoRA模型，如图6-32所示，该LoRA模型可以让生成的模特呈现出小清新的风格。

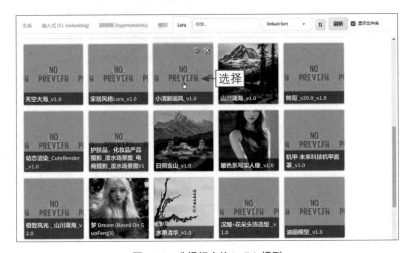

图 6-32 选择相应的 LoRA 模型

步骤04 执行操作后，即可将该LoRA模型添加到提示词输入框中，并将其权重值设置为0.6，适当降低LoRA模型对AI的影响，如图6-33所示。

图 6-33 添加 LoRA 模型并设置其权重值

6.3.3 设置图生图生成参数

接下来通过上传重绘蒙版功能添加服装原图和蒙版，确定要重绘的蒙版内容，并设置相应的生成参数，具体操作方法如下。

步骤01 在"图生图"页面中，切换至"上传重绘蒙版"选项卡，分别上传相应的服装原图和蒙版，如图6-34所示。

图 6-34 上传相应的服装原图和蒙版

步骤02 在页面下方设置"迭代步数（Steps）"为25、"采样方法（Sampler）"为DPM++ 2M Karras、"重绘幅度"为0.95，让图像产生更大的变化，同时将重绘尺寸调整为与原图一致（单击 ▶ 按钮即可自动设置该参数），如图6-35所示。

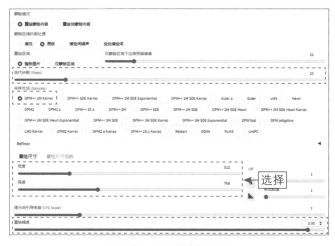

图 6-35 设置相应的参数

121

6.3.4 使用ControlNet控图

ControlNet是一种基于Stable Diffusion的扩展插件，它可以提供更灵活和细致的图像控制功能。掌握ControlNet插件，用户能够更好地实现图像处理的创意效果，让AI绘画作品更加生动、逼真和具有感染力。接下来使用ControlNet固定服装的样式并控制人物姿势，具体操作方法如下。

步骤01 展开ControlNet选项区域，选中"上传独立的控制图像"复选框，上传一张原图，并分别选中"启用"复选框、"完美像素模式"复选框、"允许预览"复选框，自动匹配合适的预处理器分辨率，并启用预览模式，如图6-36所示。

图 6-36　分别选中相应的复选框

步骤02 在ControlNet选项区域下方，选中"Canny（硬边缘）"单选按钮，并分别选择canny预处理器和相应的模型，如图6-37所示，以检测图像中的硬边缘。

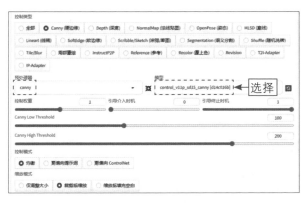

图 6-37　选择相应的预处理器和模型

步骤 03 单击Run preprocessor按钮 ✿ ，即可提取出服装图像中的线条，生成相应的线稿图，用于固定服装的样式不变，如图6-38所示。

图 6-38　生成相应的线稿图

★ 专家提醒 ★

ControlNet 是一个用于准确控制 AI 生成图像的插件，它利用 Conditional Generative Adversarial Networks（条件生成对抗网络）技术来生成图像，以获得更好的视觉效果。与传统的 GAN 技术不同，ControlNet 允许用户对生成的图像进行精细的控制，因此在计算机视觉、艺术设计、虚拟现实等领域非常有用。

步骤 04 切换至ControlNet Unit 1选项卡，选中"上传独立的控制图像"复选框，上传前面做好人物骨骼姿势图，选中"启用"复选框和"完美像素模式"复选框，自动匹配合适的预处理器分辨率，如图6-39所示。

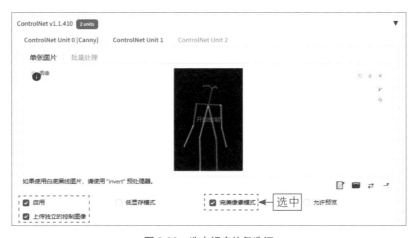

图 6-39　选中相应的复选框

步骤 **05** 在ControlNet Unit 1选项卡下方，设置"模型"为control_openpose-fp16 [9ca67cc5]，用于固定人物的动作姿势，如图6-40所示。

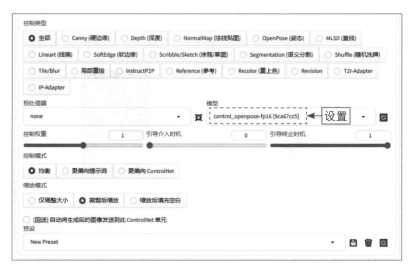

图 6-40　设置"模型"参数

6.3.5　修复模特的脸部

接下来使用ADetailer对人脸进行修复，避免人脸出现变形，具体操作方法如下。

扫码看教学视频

步骤 **01** 展开ADetailer选项区域，选中"启用After Detailer"复选框，以启用该插件，设置"After Detailer模型"为mediapipe_face_full，该模型可以用于修复真实人脸，如图6-41所示。

图 6-41　设置"After Detailer 模型"参数

步骤 **02** 单击"生成"按钮，即可生成相应的模特图像，效果如图6-42所示，图中的服装基本是没有被AI修改过的，最贴近产品本身。如果用户对效果比较满意，也可以直接将其作为产品图来使用。

图 6-42　生成模特图像效果

6.3.6　融合图像效果

扫码看教学视频

如果用户对图像的光影不够满意，或者觉得服装和环境的融合不够完美，还可以将做好的效果图上传到"图生图"选项卡中，并使用Depth模型来辅助控图，提升服装与环境的融合效果，具体操作方法如下。

步骤01 生成满意的效果图后，在图像下方单击"发送图像和生成参数到图生图选项卡"按钮，如图6-43所示。

图 6-43　单击"发送图像和生成参数到图生图选项卡"按钮

步骤02 执行操作后，即可将图像发送到"图生图"选项卡中，如图6-44所示。

图 6-44　将图像发送到"图生图"选项卡中

步骤03 与此同时，生成该图像的参数也会自动发送过来，设置"重绘幅度"为 0.35，让新图效果尽量与原图保持一致，其他参数保持不变，如图 6-45 所示。

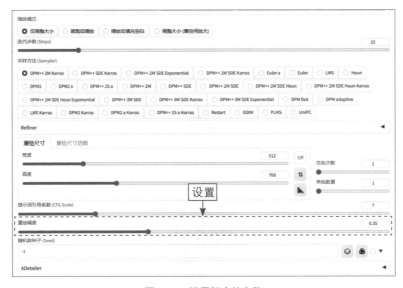

图 6-45　设置相应的参数

步骤04 展开ControlNet选项区域，再次上传前面生成的效果图，分别选中"上传独立的控制图像"复选框、"启用"复选框、"完美像素模式"复选框和"允许预览"复选框，如图 6-46 所示。

图 6-46 分别选中相应的复选框

★ 专 家 提 醒 ★

注意，在将图像发送到"图生图"选项卡时，用户在"上传重绘蒙版"选项卡中所做的所有设置都会同步发送过来，其中也包括 ControlNet 的设置。因此，这里用户需要先关闭 ControlNet 插件，再重新进行设置。同时，用户只需要在某个ControlNet 选项卡中选中"上传独立的控制图像"复选框，后续不用再次执行该操作，即可上传参考图。

步骤 05 在ControlNet选项区域下方，选中"Depth（深度）"单选按钮，并分别选择depth_midas（MiDas深度图估算）预处理器和相应的模型，如图6-47所示，该模型能够通过控制空间距离来更好地表达较大纵深图像的景深关系，适合有大量近景内容的画面，有助于突出近景的细节。

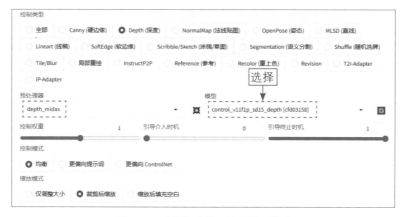

图 6-47 选择相应的预处理器和模型

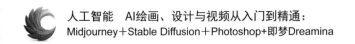

步骤06 单击Run preprocessor按钮 ✖，即可生成深度图，比较完美地还原场景中的景深关系，如图6-48所示。

图 6-48　生成深度图

步骤07 单击"生成"按钮，即可生成相应的图像，画面中的服装、环境和人物等元素会变得更加融合，但服装样式会有轻微变化，效果如图6-49所示。

图 6-49　生成相应的图像效果

本章小结

本章主要通过3个实战案例向读者介绍了使用Stable Diffusion生成商业绘画作品的相关知识。首先，通过AI影楼广告设计实战，介绍了如何绘制人物主体效果、添加古风元素、增加人物脸部细节；其次，通过AI商品图像设计实战，介绍了如何选择合适的大模型、添加细节提示词、添加专用LoRA模型、开启高分辨率修复功能，以及使用Depth控制光影；最后，通过AI电商模特设计实战，介绍了如何制作骨骼姿势图、选择合适的模型、设置图生图生成参数、使用ControlNet控图、修复模特的脸部，以及融合图像效果。通过对本章的学习，读者能够更好地掌握Stable Diffusion在商业图像设计中的应用技巧。

课后习题

鉴于本章知识的重要性，为了帮助读者更好地掌握所学知识，本节将通过课后习题，帮助读者进行简单的知识回顾和补充。

1. 使用Stable Diffusion生成漫画插图，效果如图6-50所示。

2. 使用Stable Diffusion生成建筑图片，效果如图6-51所示。

图 6-50　漫画插图效果

图 6-51　建筑图片效果

扫码看教学视频

扫码看教学视频

【Photoshop 篇】

第 7 章　基础操作：熟悉 Photoshop AI 绘画功能

Photoshop（简称PS）是一款功能强大的图像处理软件，修图与设计是它的主要功能，随着Adobe Photoshop 2024版本的推出，PS集成了更多的AI绘画功能，其中最强大的就是创成式填充和神经网络滤镜，让这一版本的PS成为商业设计师不可或缺的工具。

7.1　Photoshop AI 创成式填充

创成式填充（也称生成式填充）的核心功能在于运用先进的AI绘画技术，不仅能绘制全新的图像，还能扩展现有图像的画布，从而生成更多丰富的图像内容。此外，它还支持AI修图，进一步提升图像质量。

本节以实例的形式介绍创成式填充功能的应用技巧，帮助用户更好地掌握AI创成式填充功能。

7.1.1　去除多余的图像元素

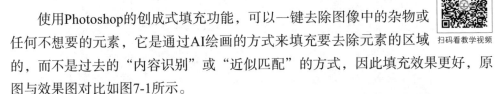

使用Photoshop的创成式填充功能，可以一键去除图像中的杂物或任何不想要的元素，它是通过AI绘画的方式来填充要去除元素的区域的，而不是过去的"内容识别"或"近似匹配"的方式，因此填充效果更好，原图与效果图对比如图7-1所示。

扫码看教学视频

图 7-1　原图与效果图对比

下面介绍去除多余图像元素的操作方法。

步骤01 选择"文件"｜"打开"命令，打开一幅素材图像，选取工具箱中的套索工具 ，如图7-2所示。

步骤02 运用套索工具 在画面中的相应图像周围按住鼠标左键拖曳，框住画面中的相应元素，如图7-3所示。

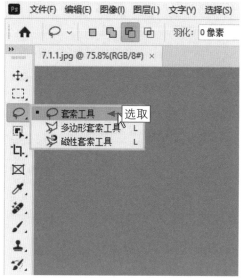

图 7-2　选取套索工具

图 7-3　框住画面中的相应元素

步骤 03 释放鼠标左键，即可创建一个不规则的选区，在下方的浮动工具栏中单击"创成式填充"按钮，如图7-4所示。

步骤 04 执行操作后，在浮动工具栏中单击"生成"按钮，如图7-5所示。稍等片刻，即可去除选区中的图像元素。

图 7-4　单击"创成式填充"按钮

图 7-5　单击"生成"按钮

★ 专家提醒 ★

在 Photoshop 中，套索工具 ⌒ 是一种用于在图像中选择部分区域的工具，它可以让用户手动绘制一个不规则的选区，以便在选定的区域内进行编辑、移动、删除或应用其他操作。在使用套索工具 ⌒ 时，用户可以按住鼠标左键拖曳来勾勒出自己想要选择的区域，从而更精确地控制图像编辑的范围。

7.1.2 生成相应的图像元素

使用Photoshop的创成式填充功能，可以在图像的局部区域进行AI绘画操作，用户只需要在画面中框选某个区域，然后输入相应的提示词，即可生成对应的图像元素。例如，用户在制作电商广告图时，可以使用创成式填充功能在画面中快速添加一些图像元素，使广告效果更具吸引力，原图与效果图对比如图7-6所示。

扫码看教学视频

图 7-6　原图与效果图对比

★ 专家提醒 ★

创成式填充功能利用先进的 AI 算法和图像识别技术，能够自动从周围的环境中推断出缺失的图像内容，并智能地进行填充。创成式填充功能使得移除不需要的元素或补全缺失的图像部分变得更加容易，节省了用户大量的时间和精力。

下面介绍生成相应图像元素的操作方法。

步骤 01 选择"文件"|"打开"命令，打开一幅素材图像，选取工具箱中的套索工具 ⌒，在图中创建一个不规则的选区，单击"创成式填充"按钮，如图7-7所示。

步骤02 在浮动工具栏左侧的输入框中输入提示词"一只小狗"，单击"生成"按钮，如图7-8所示，即可生成相应的小狗图像。

图7-7 单击"创成式填充"按钮

图7-8 单击"生成"按钮

7.1.3 扩展图像画布

在Photoshop中扩展图像的画布后，使用创成式填充功能可以自动填充空白的画布区域，生成与原图像对应的内容，原图与效果图对比如图7-9所示。

扫码看教学视频

图7-9 原图与效果图对比

下面介绍扩展图像画布的操作方法。

步骤 01 选择"文件"|"打开"命令，打开一幅素材图像，在菜单栏中选择"图像"|"画布大小"命令，如图7-10所示。

步骤 02 执行操作后，弹出"画布大小"对话框，选择相应的定位方向，并设置"高度"为680像素，如图7-11所示，用于在画布的顶部添加更多的空间。

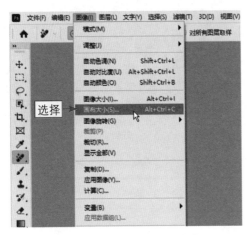

图 7-10　选择"画布大小"命令

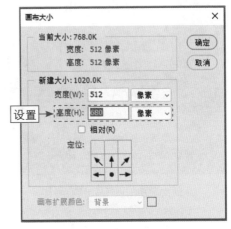

图 7-11　设置"宽度"参数

步骤 03 单击"确定"按钮，即可从上方扩展图像画布，效果如图7-12所示。

步骤 04 选取工具箱中的矩形选框工具，在空白画布上创建一个矩形选区，如图7-13所示。

图 7-12　从上方扩展图像画布

图 7-13　创建矩形选区

步骤 05 在选区下方的浮动工具栏中单击"创成式填充"按钮，如图7-14所示。

步骤 06 执行操作后，在浮动工具栏中单击"生成"按钮，如图7-15所示。稍等片刻，即可在空白的画布中生成相应的图像内容，且能够与原图像无缝融合。

图 7-14 单击"创成式填充"按钮

图 7-15 单击"生成"按钮

7.1.4 设计商品图片背景

扫码看教学视频

当用户做好商品图片后，如果对背景效果不太满意，可以使用创成式填充功能重新设计商品图片的背景，原图与效果图对比如图7-16所示。

图 7-16 原图与效果图对比

下面介绍设计商品图片背景的操作方法。

步骤01 选择"文件"|"打开"命令，打开一幅素材图像，在下方的浮动工具栏中单击"选择主体"按钮，如图7-17所示。

步骤02 执行操作后，即可在主体上创建一个选区，如图7-18所示。

图 7-17　单击"选择主体"按钮　　　　　图 7-18　创建一个选区

步骤03 在选区下方的浮动工具栏中单击"反相选区"按钮，如图7-19所示。

步骤04 执行操作后，即可反选选区，单击"创成式填充"按钮，如图7-20所示。

图 7-19　单击"反相选区"按钮　　　　　图 7-20　单击"创成式填充"按钮

步骤05 在浮动工具栏中输入相应的提示词，如"纯色背景"，如图7-21所示。

步骤 06 单击"生成"按钮，即可改变背景效果，在浮动工具栏中单击"下一个变体"按钮 ❯，如图7-22所示，还可以更换其他的背景样式。

图 7-21　输入相应的提示词

图 7-22　单击"下一个变体"按钮

7.1.5　去除广告图片中的文字

如果广告图片中有多余的文字或水印，用户可以使用创成式填充功能快速去除这些内容，原图与效果图对比如图7-23所示。

扫码看教学视频

图 7-23　原图与效果图对比

下面介绍去除广告图片中的文字的操作方法。

步骤01 选择"文件"|"打开"命令，打开一幅素材图像，运用矩形选框工具在文字上创建一个矩形选区，单击"创成式填充"按钮，如图7-24所示。

步骤02 执行操作后，在浮动工具栏中单击"生成"按钮，如图7-25所示，即可去除选区中的文字。

图 7-24 单击"创成式填充"按钮　　　　图 7-25 单击"生成"按钮

7.1.6 移除照片中的路人

扫码看教学视频

在户外拍摄服装模特照片时，难免会拍到一些路人，此时即可使用创成式填充功能一键去除路人，原图与效果图对比如图7-26所示。

图 7-26 原图与效果图对比

下面介绍移除照片中的路人的操作方法。

步骤01 选择"文件"|"打开"命令，打开一幅素材图像，运用套索工具 沿路人的边缘创建一个选区，在浮动工具栏中单击"创成式填充"按钮，如图7-27所示。

步骤02 执行操作后，在浮动工具栏中单击"生成"按钮，如图7-28所示，即可去除选区中的人物。

图 7-27　单击"创成式填充"按钮

图 7-28　单击"生成"按钮

7.1.7　重新生成广告主体

在设计广告图片时，如果对于图中的商品主体效果不满意，可以使用创成式填充功能快速更换主体，原图与效果图对比如图7-29所示。

扫码看教学视频

图 7-29　原图与效果图对比

141

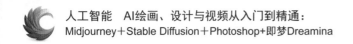

下面介绍重新生成广告主体的操作方法。

步骤01 选择"文件"｜"打开"命令，打开一幅素材图像，运用矩形选框工具在蛋糕图像上创建一个矩形选区，如图7-30所示。

步骤02 在浮动工具栏中单击"创成式填充"按钮，输入相应的提示词，如"生日蛋糕"，如图7-31所示。单击"生成"按钮，即可生成相应的主体图像。

图 7-30　创建矩形选区

图 7-31　输入相应的提示词

7.1.8　改变模特衣服样式

使用Photoshop中的创成式填充功能给人物换装非常轻松，而且换装效果很自然，原图与效果图对比如图7-32所示。

扫码看教学视频

图 7-32　原图与效果图对比

下面介绍改变模特衣服样式的操作方法。

步骤 01 选择"文件"|"打开"命令，打开一幅素材图像，使用矩形选框工具在衣服区域创建一个矩形选区，如图7-33所示。

步骤 02 在浮动工具栏中单击"创成式填充"按钮，输入相应的提示词，如"白色的衣服"，单击"生成"按钮，如图7-34所示，即可更换人物的服装。

图 7-33　创建一个矩形选区

图 7-34　单击"生成"按钮

7.2　Photoshop AI 神经网络滤镜

Neural Filters（神经网络滤镜）是Photoshop重点推出的AI修图功能，集合了"风景混合器""照片恢复""超级缩放"等一系列滤镜，可以帮助用户把复杂的修图工作简单化，大大提高工作效率。本节主要介绍一些常用的神经网络滤镜，帮助大家掌握更简单、更有创意的Photoshop AI修图玩法。

7.2.1　运用"风景混合器"滤镜改变季节

借助Neural Filters中的"风景合成器"滤镜，可以自动融合两张照片的特色，并调整为与前景元素匹配的色调，非常适合处理一些效果比较差的商业摄影照片。

扫码看教学视频

例如，一家旅行社购买了一组美丽的风景照片，但季节不太适合。使用"风景合成器"滤镜，可以轻松将两张不同季节的风景照片混合在一起，从而

创造出一种全新的季节效果，从而增强照片的吸引力和情感表达，原图与效果图
对比如图7-35所示。

图 7-35　原图与效果图对比

下面介绍运用"风景混合器"滤镜改变季节的操作方法。

步骤01 选择"文件"｜"打开"命令，打开一幅素材图像，选择"滤镜"｜
Neural Filters命令，展开Neural Filters面板，在左侧的"所有筛选器"界面启用
"风景混合器"滤镜，如图7-36所示。

图 7-36　启用"风景混合器"滤镜

步骤02 在右侧的"预设"选项卡中，选择相应的预设效果，如图7-37示，单击"确定"按钮，即可将冬季转换为春季。

图 7-37 选择相应的预设效果

7.2.2 运用"照片恢复"滤镜修复老照片

借助Neural Filters中的"照片恢复"滤镜，可以利用强大的AI技术快速修复老照片，比如提高对比度、增强细节、消除划痕等。另外，结合使用"照片恢复"滤镜与"着色"滤镜，还可以进一步增强照片修复效果，原图与效果图对比如图7-38所示。

扫码看教学视频

图 7-38 原图与效果图对比

下面介绍运用"照片恢复"滤镜修复老照片的操作方法。

步骤01 选择"文件"|"打开"命令，打开一幅素材图像，选择"滤镜"|
Neural Filters命令，展开Neural Filters面板，在左侧的"所有筛选器"界面启用
"照片恢复"滤镜，如图7-39所示。

步骤02 在右侧展开"调整"选项区域，设置"降噪"为22，如图7-40所
示，减少画面中的噪点。

图 7-39 启用"照片恢复"滤镜

图 7-40 设置"降噪"参数

步骤03 执行操作后，即可修复老照片，效果如图7-41所示。

步骤04 在Neural Filters面板左侧的"所有筛选器"界面，启用"着色"滤
镜，如图7-42所示，该滤镜可以智能地对黑白照片进行上色。

图 7-41 修复老照片效果

图 7-42 启用"着色"滤镜

步骤 05 执行操作后，即可自动给老照片上色，效果如图7-43所示。

步骤 06 在右侧展开"调整"选项区域，设置"颜色伪影消除"为31，如图7-44所示，增强图像的细节质量，单击"确定"按钮，即可完成老照片的修复操作。

图 7-43　自动给老照片上色

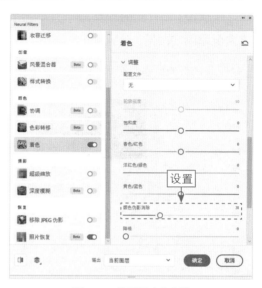

图 7-44　设置相应的参数

7.2.3　运用"超级缩放"滤镜无损放大图像

扫码看教学视频

借助Neural Filters中的"超级缩放"滤镜，可以放大并裁切图像，然后再添加细节以补偿损失的分辨率，从而达到无损放大图像的效果，原图与效果图对比如图7-45所示。

图 7-45　原图与效果图对比

下面介绍运用"超级缩放"滤镜无损放大图像的操作方法。

147

步骤01 选择"文件"|"打开"命令，打开一幅素材图像，选择"滤镜"|Neural Filters命令，展开Neural Filters面板，在左侧的"所有筛选器"界面启用"超级缩放"滤镜，如图7-46所示。

步骤02 在右侧的预览图下方单击放大按钮 ⊕ ，如图7-47所示，即可将图像放大至原图的两倍。

图 7-46　启用"超级缩放"滤镜　　　　　图 7-47　单击放大按钮

步骤03 设置"锐化"为16，如图7-48所示，能够提高图像的清晰度，使图像的轮廓和细节更加突出。

步骤04 单击"确定"按钮，Photoshop会生成一个新的大图，从右下角的状态栏中可以看到图像的尺寸和分辨率都变大了，如图7-49所示。

图 7-48　设置"锐化"参数　　　　　图 7-49　图像的尺寸和分辨率都变大了

★ 专家提醒 ★

在使用 Photoshop 修复人像照片时，用户还可以结合"超级缩放"滤镜来进行处理。启用该滤镜后，在右侧面板中选中"加强面部细节"复选框即可，如图 7-50 所示。"加强面部细节"功能通常会使 AI 算法专注增强照片中人物面部的细节和纹理，使面部特征看起来更加清晰和自然，这对修复老旧照片、提高低分辨率照片的清晰度或在放大照片时保持细节特别有用。

图 7-50　选中"加强面部细节"复选框

本章小结

本章主要介绍了Photoshop在AI绘画方面的基础操作，包括利用AI创成式填充功能去除或生成图像元素、设计背景等；以及利用神经网络滤镜中的"风景混合器"滤镜改变季节、运用"照片恢复"滤镜修复老照片和运用"超级缩放"滤镜无损放大图像等。通过对本章的学习，读者可以更好地运用Photoshop的AI功能进行创意设计和图像处理。

课后习题

鉴于本章知识的重要性，为了帮助读者更好地掌握所学知识，本节将通过课后习题，帮助读者进行简单的知识回顾和补充。

1. 使用Photoshop扩展画布将横图变成竖图，原图与效果图对比如图7-51所示。

扫码看教学视频

图 7-51　原图与效果图对比

2. 使用Photoshop智能调整画面景深，原图与效果图对比如图7-52所示。

扫码看教学视频

图 7-52　原图与效果图对比

第8章　后期精通：用 AI 实现专业级的图像处理

　　抠图、修图都是常用的Photoshop后期处理方法，通过精准地抠图和巧妙地修图，我们可以创造出令人惊叹的视觉效果，同时还能提升作品的质量和吸引力。本章主要介绍Photoshop的智能化抠图与修图功能，让商业图像设计更高效，画面效果更出色。

8.1　Photoshop AI 智能抠图

抠图是一种常用的图像后期处理技术，通过精准的抠图处理，可以轻松打造出专业级的商用图像效果。无论是图像后期处理还是电商美工设计，掌握了Photoshop的AI智能抠图功能，都将为作品增添无限可能。本节将详细介绍Photoshop的各种AI智能抠图功能，提升用户的工作效率。

★ 专家提醒 ★

需要注意的是，本节为了提升效果展示的精美度，所使用的大部分素材都是带有"背景"图层的。因此，在抠图完成后，Photoshop 会自动将抠出的前景元素与"背景"图层合成在一起，从而生成更加完整、协调的图像效果。另外，用户也可以使用"创成式填充"功能来生成新的背景图像。

8.1.1　运用"移除背景"按钮轻松抠图

扫码看教学视频

Photoshop 2024提供了一个便捷操作的浮动工具栏，其中就有一个非常实用的"移除背景"按钮，可以快速进行抠图处理，原图与效果图对比如图8-1所示。

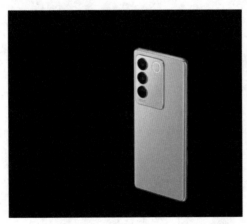

图 8-1　原图与效果图对比

下面介绍运用"移除背景"按钮轻松抠图的操作方法。

步骤01　选择"文件"|"打开"命令，打开两幅素材图像，在商品图像编辑窗口的"图层"面板中，选择"图层1"图层，在图像下方的浮动工具栏中单击"移除背景"按钮，如图8-2所示。

步骤02　执行操作后，即可抠出主体图像，如图8-3所示。

图 8-2 单击"移除背景"按钮

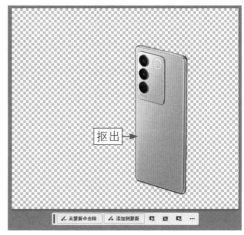

图 8-3 抠出主体图像

步骤 03 从"图层"面板中可以看到，通过"移除背景"按钮抠图后会自动生成蒙版，使得用户可以对抠出的图像进行更加细致的控制和调整，如图8-4所示。

步骤 04 运用移动工具 ✛ 按住抠出的商品主体图像，将其拖至背景图像编辑窗口中的合适位置，对图像进行合成处理，效果如图8-5所示。

图 8-4 自动生成蒙版

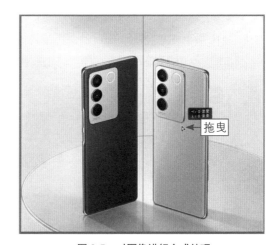

图 8-5 对图像进行合成处理

8.1.2 运用"主体"命令实现快速抠图

Photoshop的"主体"命令采用了先进的机器学习技术，经过学习训练后能够识别图像上的多种对象，包括人物、动物、车辆、玩具

扫码看教学视频

153

等。使用Photoshop的"主体"命令，可以快速识别出图片中的主体对象，从而完成抠图操作，原图与效果图对比如图8-6所示。

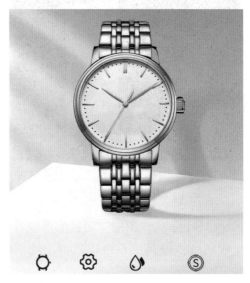

图 8-6　原图与效果图对比

下面介绍运用"主体"命令实现快速抠图的操作方法。

步骤01 选择"文件"|"打开"命令，打开一幅素材图像，选择"图层1"图层，在菜单栏中选择"选择"|"主体"命令，如图8-7所示。

步骤02 执行操作后，即可自动选中图像中的主体部分，如图8-8所示。

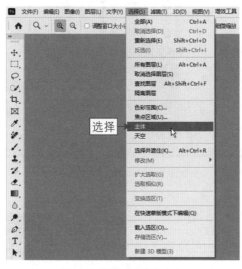

图 8-7　选择"主体"命令　　　　　　　图 8-8　选中图像中的主体部分

步骤 03 按【Ctrl+J】组合键将选区内的图像复制为一个新图层，旨在将图像中的主体部分从原始背景中分离出来，如图8-9所示。

步骤 04 单击"图层1"图层左侧的"切换图层可见性"按钮 ，隐藏"图层1"图层，如图8-10所示，使得抠出的主体图像与"背景"图层合成到一起。

图 8-9　复制一个新图层

图 8-10　隐藏"图层 1"图层

8.1.3　运用"选择主体"按钮合成图像

扫码看教学视频

在Photoshop的浮动工具栏中有一个"选择主体"按钮，其本质与"主体"命令一致，可以帮助用户快速在图像中的主体对象上创建一个选区，便于进行抠图和合成处理，原图与效果图对比如图8-11所示。

图 8-11　原图与效果图对比

下面介绍运用"选择主体"按钮合成图像的操作方法。

步骤 01 选择"文件"|"打开"命令，打开一幅素材图像，在图像下方的浮

动工具栏中，单击"选择主体"按钮，如图8-12所示。

步骤02 执行操作后，即可在图像中的商品主体上创建一个选区，如图8-13所示。按【Ctrl+J】组合键将选区内的图像复制为一个新图层，并隐藏"图层1"图层，即可完成图像的抠图与合成处理。

图 8-12　单击"选择主体"按钮

图 8-13　创建一个选区

8.1.4　运用"焦点区域"命令自动抠图

扫码看教学视频

使用Photoshop的"焦点区域"命令，可以快速选中图像中的焦点对象，并将其与图像的其余部分分离，方便用户对景深较为明显的图像进行抠图处理，原图与效果图对比如图8-14所示。

图 8-14　原图与效果图对比

下面介绍运用"焦点区域"命令自动抠图的操作方法。

步骤 01 选择"文件"|"打开"命令，打开一幅素材图像，选择"选择"|"焦点区域"命令，如图8-15所示。

步骤 02 执行操作后，弹出"焦点区域"对话框，单击"视图"右侧的下拉按钮∨，在弹出的下拉列表中选择"闪烁虚线"选项，如图8-16所示，用于生成选区。

图 8-15 选择"焦点区域"命令

图 8-16 选择"闪烁虚线"选项

步骤 03 在"参数"选项区域，设置"焦点对准范围"为5.5，如图8-17所示，使选区边缘更加精确。

步骤 04 单击"确定"按钮，即可自动选中主体对象，如图8-18所示。按【Ctrl+J】组合键将选区内的图像复制为一个新图层，并隐藏"图层1"图层，即可完成图像的抠图与合成处理。

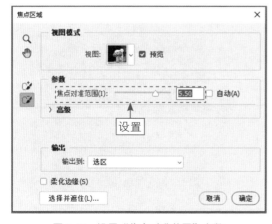

图 8-17 设置"焦点对准范围"参数

图 8-18 自动选中主体对象

8.1.5 运用对象选择工具实现精准抠图

扫码看教学视频

对象选择工具  可以快速识别图像中的某些对象，只需要用该工具进行简单标记，就可以自动生成复杂的选区，实现精准抠图，原图与效果图对比如图8-19所示。

图 8-19　原图与效果图对比

下面介绍运用对象选择工具 实现精准抠图的操作方法。

步骤01 选择"文件"|"打开"命令，打开一幅素材图像，在"图层"面板中，选择"图层1"图层，如图8-20所示。

步骤02 选取工具箱中的对象选择工具 ，如图8-21所示，该工具可以明显感知物体的完整边界，大幅提高抠图质量。

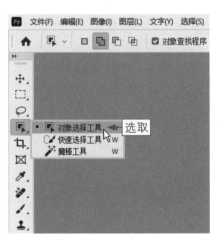

图 8-20　选择"图层 1"图层　　　　图 8-21　选取对象选择工具

步骤 03 将鼠标指针移至主体图像上，能够自动识别物体的完整轮廓，并显示为一个红色蒙版，如图8-22所示。

步骤 04 单击鼠标左键，即可在主体图像上创建一个选区，如图8-23所示。按【Ctrl+J】组合键将选区内的图像复制为一个新图层，并隐藏"图层1"图层，即可完成图像的抠图与合成处理。

图 8-22 显示红色蒙版

图 8-23 创建一个选区

8.2 Photoshop AI 智能修图

Photoshop利用人工智能等先进技术，能够自动识别图像中的瑕疵和需要优化的部分，实现一键式快速修复和优化，不仅可以大幅提升修图效率，还能在一定程度上保证图像的质量。无论是专业设计师还是普通摄影爱好者，这一技术都将成为他们手中的得力助手，帮助他们轻松打造精美的商业图像设计作品。

8.2.1 运用移除工具一键抹除干扰元素

在后期处理图像时，有时候会遇到一些影响画面的无关干扰元素，比如文字、电线杆、路牌标志、树叶、小动物等，如果一个一个细致地"P掉"这些元素，既费时又容易留下痕迹。使用 Photoshop 中的移除工具 🩹，可以一键智能抹除这些干扰元素，大幅提高工作效率，原图与效果图对比如图 8-24 所示。

扫码看教学视频

下面介绍运用移除工具 🩹 一键抹除干扰元素的操作方法。

步骤 01 选择"文件"|"打开"命令，打开一幅素材图像，选取工具箱中的

移除工具 ，在工具属性栏中设置"大小"为50，如图8-25所示，适当调整画笔的大小。

图 8-24　原图与效果图对比

步骤02 移动鼠标指针至图像中的文字上，按住鼠标左键拖曳，对文字部分进行涂抹，涂抹过的区域呈半透明的淡红色显示，如图8-26所示。释放鼠标左键，即可去除文字元素。

图 8-25　设置"大小"参数　　　　图 8-26　对文字进行涂抹

8.2.2　运用"内容识别填充"命令扩图

利用Photoshop的"内容识别填充"命令可以将复杂背景中不需要的杂物清除干净，从而达到完美的智能修图效果，还可以扩展图像的

扫码看教学视频

区域，原图与效果图对比如图8-27所示。需要注意的是，"内容识别填充"命令在处理一些复杂的图像或场景时可能存在一定的局限性。此外，为了获得最佳的填充效果，用户通常需要花费一些时间来仔细选择和调整选区。

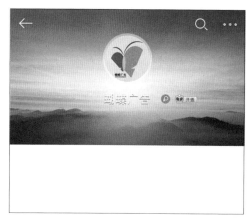

图 8-27　原图与效果图对比

下面介绍运用"内容识别填充"命令扩图的操作方法。

步骤01 选择"文件"|"打开"命令，打开一幅素材图像，选取工具箱中的矩形选框工具⬚，在图像下方的空白画布上创建一个矩形选区，如图8-28所示。

步骤02 选择"编辑"|"内容识别填充"命令，如图8-29所示，该命令通过分析选区周围的图像内容，然后使用相似的图像内容来无缝填充选定的区域，从而实现对图像的快速修复和编辑。

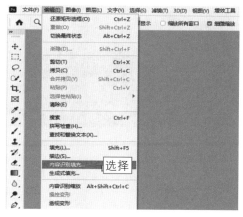

图 8-28　创建一个矩形选区　　　　图 8-29　选择"内容识别填充"命令

步骤03 执行操作后，展开"内容识别填充"面板，单击"自动"按钮，自动取样并修补画面内容，如图8-30所示，单击"确定"按钮，即可快速修图。

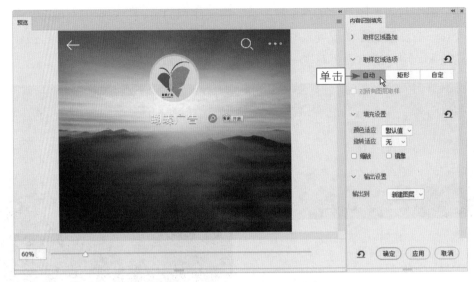

图 8-30　自动取样并修补画面内容

8.2.3　运用"天空替换"命令合成天空

扫码看教学视频

"天空替换"命令可以将素材图像中的天空自动替换为更迷人的天空，同时保留图像的自然景深，原图与效果图对比如图8-31所示。

图 8-31　原图与效果图对比

下面介绍运用"天空替换"命令合成天空的操作方法。

步骤 01 选择"文件"|"打开"命令，打开一幅素材图像，选择菜单栏中的"编辑"|"天空替换"命令，如图8-32所示，该命令旨在帮助用户快速而精确地替换图像中的天空部分。

步骤 02 执行操作后，弹出"天空替换"对话框，单击"单击以选择替换天

空"按钮|✓，在弹出的下拉列表框中选择相应的天空图像模板，如图8-33所示，
单击"确定"按钮，即可合成新的天空图像。

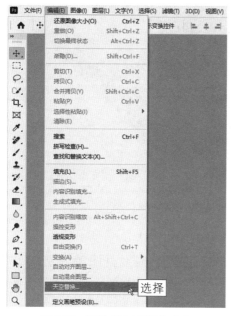

图 8-32　选择"天空替换"命令

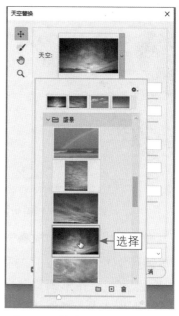

图 8-33　选择相应的天空图像模板

★ 专家提醒 ★

　　"天空替换"对话框中的各主要选项含义如下。

　　· 天空：在右侧的下拉列表框中，提供了多种天空模板可供用户选择，用户也可
以导入外部图片自定义天空。

　　· 亮度：可以调整天空区域的亮度。

　　· 色温：可以调整天空区域的色温。

　　· 输出到：其中包括"新图层"和"复制图层"两个选项，用户可以选择天空图
像的输出方式。

8.2.4　运用内容感知描摹工具生成路径

　　内容感知描摹工具 ✏ 使用了Adobe最新的AI算法，可以沿着图像
中的目标边缘自动生成路径，大大简化了之前烦琐的手工描摹过程。
用户只需用内容感知描摹工具 ✏ 简单标记目标对象的关键点，即可精确捕捉其
边缘特征，自动连接生成路径轮廓，方便后期进行修图或调色处理，原图与效果
图对比如图8-34所示。

扫码看教学视频

图 8-34　原图与效果图对比

下面介绍运用内容感知描摹工具生成路径的操作方法。

步骤 01 选择"文件"|"打开"命令，打开一幅素材图像，选择"编辑"|"首选项"|"技术预览"命令，弹出"首选项"对话框，并自动切换至"技术预览"选项卡，选中"启用内容感知描摹工具"复选框，启用该工具，如图8-35所示。

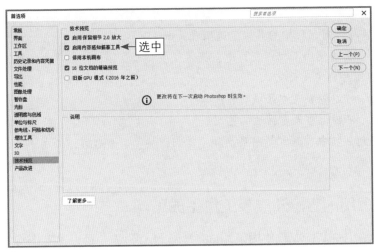

图 8-35　选中"启用内容感知描摹工具"复选框

步骤 02 切换至"性能"选项卡，在"图形处理器设置"选项区域选中"使用图形处理器"复选框，如图8-36所示，可以显著提升Photoshop的运行速度。单击"确定"按钮，保存设置并重启Photoshop。

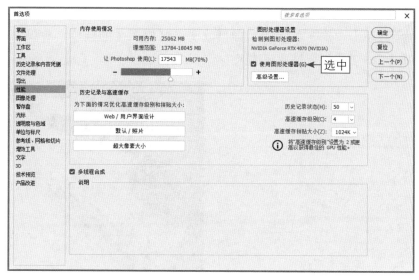

图 8-36 选中"使用图形处理器"复选框

步骤 03 选取工具箱中的内容感知描摹工具 （该工具位于钢笔工具组中），在图像边缘处单击即可生成相应的路径。重复该操作，描摹出相应的路径形状，效果如图8-37所示。

步骤 04 生成闭合路径后，按【Ctrl+Enter】组合键，将其转换为选区，如图8-38所示。

图 8-37 描摹出相应的路径形状

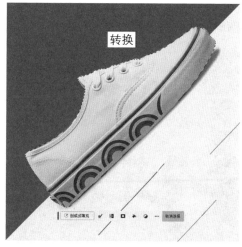

图 8-38 将路径转换为选区

步骤 05 选择"图像"|"调整"|"色相/饱和度"命令，弹出相应的对话框，设置"色相"为88、"饱和度"为18，如图8-39所示，改变选区内图像的整

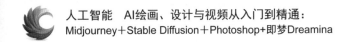

体色调并提高颜色的鲜艳度。

步骤06 单击"确定"按钮，即可改变选区内图像的颜色，效果如图8-40所示，按【Ctrl+D】组合键取消选区。

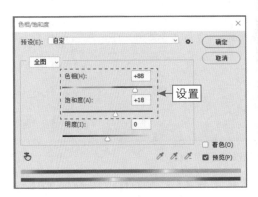

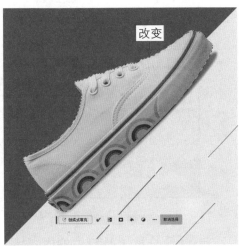

图 8-39　设置相应的参数　　　　　图 8-40　改变选区内图像的颜色效果

8.2.5　运用"内容识别缩放"命令放大图像

扫码看教学视频

"内容识别缩放"命令可以在放大图像的同时最大限度地保留细节质量，合理地重建视觉内容，让优质的细节不再因放大而丢失，原图与效果图对比如图8-41所示。

图 8-41　原图与效果图对比

下面介绍使用"内容识别缩放"命令放大图像的操作方法。

步骤 01 选择"文件"|"打开"命令，打开一幅素材图像，单击"背景"图层右侧的🔒图标，将"背景"图层解锁，选择"图像"|"画布大小"命令，弹出"画布大小"对话框，设置"宽度"为1280像素，如图8-42所示，扩展画布的宽度。

步骤 02 单击"确定"按钮，即可扩展画布，如图8-43所示。

图 8-42　设置"宽度"参数

图 8-43　扩展画布

步骤 03 运用矩形选框工具▭在人物周围创建一个矩形选区，在选区内单击鼠标右键，在弹出的快捷菜单中选择"存储选区"命令，如图8-44所示。

步骤 04 执行操作后，弹出"存储选区"对话框，设置"名称"为"人物"，如图8-45所示，单击"确定"按钮存储选区。

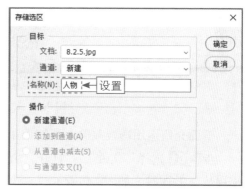

图 8-44　选择"存储选区"命令

图 8-45　设置"名称"选项

步骤05 按【Ctrl+D】组合键取消选区，选择"编辑"|"内容识别缩放"命令，调出自由变换控制框，在工具属性栏中的"保护"下拉列表框中选择"人物"选项，如图8-46所示，用于保护"人物"选区不受变换操作的影响。

步骤06 调整自由变换控制框的大小，使图像覆盖整个画布，如图8-47所示，单击"提交"按钮确认变换操作，即可放大图像，同时人物不会变形。

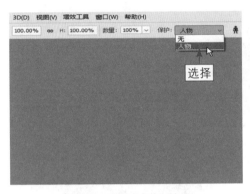

图 8-46　选择"人物"选项　　　　　　　图 8-47　使图像覆盖整个画布

8.2.6　运用透视裁剪工具校正倾斜的证书

扫码看教学视频

在Photoshop中透视裁剪工具▥是一个强大的工具，主要用于在裁剪图像时调整其透视。透视裁剪工具▥特别适用于处理包含"梯形扭曲"的图像，如倾斜的文档、证书、建筑等，原图与效果图对比如图8-48所示。

图 8-48　原图与效果图对比

下面介绍运用透视裁剪工具▥校正倾斜的证书的操作方法。

步骤01 选择"文件"|"打开"命令，打开一幅素材图像，选取工具箱中的透视裁剪工具▥，如图8-49所示。

步骤02 将鼠标指针移至证书左上角的位置单击，添加第1个控制点，然后将鼠标指针移至证书右上角的位置单击，添加第2个控制点，如图8-50所示。

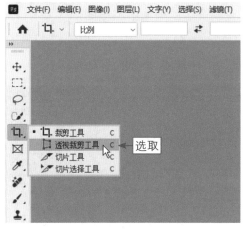

图 8-49　选取透视裁剪工具

图 8-50　添加第 2 个控制点

步骤03 将鼠标指针移至证书右下角的位置单击，添加第3个控制点，如图8-51所示。

步骤04 将鼠标指针移至证书左下角的位置单击，添加第4个控制点，如图8-52所示，按【Enter】键确认操作，即可校正图像的透视变形问题。

图 8-51　添加第 3 个控制点

图 8-52　添加第 4 个控制点

★ 专 家 提 醒 ★

在透视裁剪工具的属性栏中，若取消选中"显示网格"复选框，将隐藏图像中的网格。

8.2.7　运用AI减少杂色功能实现自动降噪

照片中的噪点（noise，也称为噪声、噪音）是指相机中的图像传感器将光线作为接收信号接收，在输出过程中产生的图像中粗糙的部分，这些粗糙的部分就是一些小噪点。在Camera Raw中，用户可以使用AI减少杂色功能对图像进行自动降噪处理，原图与效果图对比如图8-53所示。

图 8-53　原图与效果图对比

下面介绍运用AI减少杂色功能实现自动降噪的操作方法。

步骤01 选择"文件"|"打开"命令，在Camera Raw窗口中打开一幅素材图像，在右侧展开"颜色"选项区域，在其中设置"自然饱和度"为50、"饱和度"为25，增强画面的暖色调氛围，效果如图8-54所示。

图 8-54　增强画面的暖色调氛围

步骤02 在Camera Raw窗口右侧展开"效果"选项区域，在其中设置"晕影"为–50，为画面增加暗角效果，如图8-55所示。

图 8-55 为画面增加暗角效果

步骤 03 展开"细节"选项区域，设置"锐化"为50、"半径"为1.2、"细节"为35、"蒙版"为21，锐化图像的边缘，让图像更加清晰，并在"减少杂色"选项区域单击"去杂色"按钮，如图8-56所示。

图 8-56 单击"去杂色"按钮

★ 专家提醒 ★

"细节"选项区域各主要选项的含义如下。

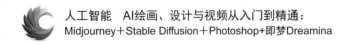

•"锐化"选项：用于增强图像中的边缘和细节，使图像看起来更加清晰和锐利。注意，过高的锐化值可能会导致图像出现锯齿或噪点。

•"半径"选项：用于决定锐化效果的作用范围。

•"细节"选项：用于控制锐化效果的细腻程度。

•"蒙版"选项：用于控制锐化效果对图像整体的影响程度，以避免对图像的某些部分过度锐化。

注意，在观察锐化效果时，一般要把图像放大到100%，这样才能更准确地看到锐化给画面带来的影响。

步骤04 执行操作后，弹出"增强"对话框，其中显示了降噪处理的估计时间，单击"增强"按钮，如图8-57所示。

步骤05 执行操作后，即可使用AI减少杂色，并显示处理进度，如图8-58所示，稍等片刻，完成Camera Raw的处理后，单击"打开"按钮，即可在Photoshop中打开调好的图像。

图 8-57　单击"增强"按钮

图 8-58　显示处理进度

★ 专 家 提 醒 ★

Camera Raw 中的 AI 降噪功能可以自动分析照片中的噪点信息，用户可以根据预览结果手动设置降噪数值，处理时间会根据计算机硬件和照片精度决定。在使用AI 降噪功能时，需要注意适度降噪，避免过度降噪导致图像细节变模糊。

本章小结

本章主要向读者介绍了如何使用Photoshop中的AI技术来实现专业级图像处理，内容涵盖AI智能抠图和修图的各种技巧，如利用"移除背景"按钮、"主体"命令等快速抠图，以及使用"内容识别填充""天空替换"等命令进行智能修图。此外，还介绍了利用透视裁剪工具校正图像、通过AI减少杂色功能自动降噪等实用技巧。这些AI技术的运用提高了图像处理的效率和准确性，为专业图像处理工作提供了更多的可能性。通过学习这些专业级的图像后期处理技巧，读者可以更好地利用Photoshop进行高质量的商用图像设计工作。

课后习题

鉴于本章知识的重要性，为了帮助读者更好地掌握所学知识，本节将通过课后习题，帮助读者进行简单的知识回顾和补充。

1. 运用Photoshop抠出画面中的美食图像，原图与效果图对比如图8-59所示。

扫码看教学视频

图 8-59　原图与效果图对比

2. 运用Photoshop给图像"换天"，原图与效果图对比如图8-60所示。

扫码看教学视频

图 8-60　原图与效果图对比

第9章 高手实战：运用 PS 设计商业作品实例

在商业设计领域，Photoshop无疑是一款不可或缺的工具，它不仅具备强大的图像处理功能，还能够通过丰富的插件和AI修图功能实现各种创意效果。本章将通过一些实战案例，培养大家的实践能力，从而在商业设计领域中能够游刃有余地运用Photoshop创作出卓越的作品。

9.1　AI 风光后期处理实战：山水美景

随着摄影技术的不断发展，后期处理成为商业摄影艺术中不可或缺的一环。而在后期处理中，AI技术的应用正逐渐展现出其强大的潜力和无限的可能性。本实例将聚焦于"山水美景"这一主题，深入探讨如何利用AI技术进行风光照片的后期处理，从而赋予照片更加动人的魅力，原图与效果图对比如图9-1所示。

图 9-1　原图与效果图对比

9.1.1　去除照片中的多余建筑

在拍摄风光照片时，常常会遇到一些不尽如人意的情况，如照片中出现了多余的建筑、电线杆等人工物体，这些元素往往会破坏画面的和谐与美感。为了打造出一幅完美的风光作品，需要将这些多余的元素从照片中去除。而传统的后期处理方法，如裁剪、污点修复等，虽然能起到一定的作用，但操作起来往往费时费力，而且效果并不总是让人满意。

如今，用户可以利用AI技术来更加高效、精确地去除照片中的多余建筑，如Photoshop中的移除工具 🖌 或创成式填充功能等，不仅操作简便，而且效果自然，能够大大减少后期处理的时间和难度，具体操作方法如下。

步骤 01 选择"文件"|"打开"命令，打开一幅素材图像，如图9-2所示。

步骤 02 在工具箱中选取移除工具 🖌，在工具属性栏中设置"大小"为60，调整移除工具 🖌 的笔触大小，如图9-3所示。

图9-2　打开一幅素材图像

图9-3　设置"大小"参数

步骤03 将鼠标指针移至图像中的建筑位置，按住鼠标左键拖曳进行涂抹，涂抹过的区域呈半透明的淡红色显示，如图9-4所示。

步骤04 释放鼠标左键，即可去除图像中多余的建筑，效果如图9-5所示。

图9-4　涂抹建筑位置

图9-5　去除图像中多余的建筑

★ 专家提醒 ★

移除工具 的使用往往需要关注图像细节，尤其是在处理复杂场景时。例如，在移除建筑时，用户可能需要关注建筑的轮廓、纹理等细节，以确保移除后的区域与周围环境相融合。

9.1.2　在画面中绘出溪流效果

借助Photoshop的创成式填充功能，可以轻松地在照片中绘制出逼真的溪流效果，为风光照片增添一抹生动的自然之美，具体操作方法如下。

扫码看教学视频

步骤01 运用套索工具 在图像中创建一个形状不规则的选区，如图9-6所示。

步骤02 在选区下方的浮动工具栏中单击"创成式填充"按钮，在浮动工具栏左侧的输入框中输入"湍急的小溪"，单击"生成"按钮，如图9-7所示。

图9-6 创建一个形状不规则的选区   图9-7 单击"生成"按钮

步骤03 执行操作后，AI会结合照片中的地形和植被，在选区中生成自然、流畅的溪流图像效果，如图9-8所示。

步骤04 按【Ctrl+Shift+Alt+E】组合键，盖印图层，得到"图层1"图层，运用移除工具 🩹 对溪流和周围的图像进行适当的修饰处理，效果如图9-9所示。

图9-8 生成溪流图像效果   图9-9 对图像进行修饰处理

9.1.3 增加图像中天空的层次感

在风光摄影中，天空往往扮演着至关重要的角色，它能够为整个画面定下基调，增添情感与氛围。然而，在实际拍摄中，由于天气、时间或其他不可控因素，可能会遇到天空效果不理想的情况。这时，借助Photoshop中的"天空替换"命令，可以轻松地替换掉风光照片中的天空，增加图像中天空的层次感，具体操作方法如下。

扫码看教学视频

步骤01 选择"编辑"|"天空替换"命令，弹出"天空替换"对话框，在"单击以选择替换天空"下拉列表框中单击"导入天空图像"按钮⊞，如图9-10所示。

步骤 02 执行操作后，弹出"打开"对话框，选择相应的天空图像素材，如图9-11所示。

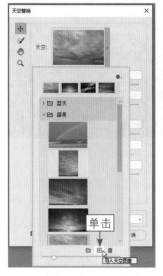

图 9-10　单击"导入天空图像"按钮

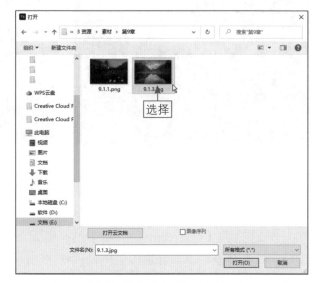

图 9-11　选择相应的天空图像素材

步骤 03 单击"打开"按钮，即可导入相应的天空模板，选择导入的天空模板，如图9-12所示。

步骤 04 单击"确定"按钮，即可替换图像中的天空部分，效果如图9-13所示。

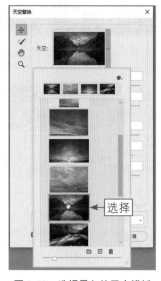

图 9-12　选择导入的天空模板

图 9-13　替换图像中的天空部分效果

9.2　AI人像后期处理实战：美丽妆容

在商业人像摄影中，妆容是塑造模特形象、强化主题氛围的重要手段。精致而独特的妆容能够为照片增添别样的魅力，吸引观众的目光。然而，传统的化妆过程往往费时费力，效果可能还会受到多种因素的影响而不尽如人意。

如今，用户可以利用Photoshop中的各种AI修图功能，为商业人像照片添加美丽妆容，原图与效果图对比如图9-14所示。

图 9-14　原图与效果图对比

9.2.1　提升人物肌肤的质感

对人物照片进行磨皮处理是一种常见的美容修饰技术，主要是为了改善人物肌肤的外观，使其看起来更加光滑、细腻。下面借助Neural Filters中的"皮肤平滑度"滤镜，自动识别人物面部，进行磨皮处理，显扫码看教学视频著提升照片中人物的肌肤质感，具体操作方法如下。

步骤01 选择"文件"|"打开"命令，打开一幅素材图像，如图9-15所示。

步骤02 选择"滤镜"|Neural Filters命令，展开Neural Filters面板，在左侧的"所有筛选器"列表框中启用"皮肤平滑度"滤镜，如图9-16所示。

图 9-15　打开一幅素材图像

图 9-16　启用"皮肤平滑度"滤镜

步骤 03 在Neural Filters面板的右侧设置"模糊"为100、"平滑度"为50，如图9-17所示，消除脸部的瑕疵，让皮肤变得更加平滑。

步骤 04 单击"确定"按钮，即可完成人脸的磨皮处理，效果如图 9-18 所示。

图 9-17　设置相应的参数

图 9-18　磨皮处理效果

9.2.2　改变人物的妆容效果

使用Neural Filters中的"妆容迁移"滤镜，可以将人物面部的妆容风格应用到其他人物图像中，具体操作方法如下。

扫码看教学视频

步骤01 选择"滤镜"| Neural Filters命令，展开Neural Filters面板，在左侧的"所有筛选器"列表框中启用"妆容迁移"滤镜，如图9-19所示。

步骤02 在右侧的"参考图像"选项区域，在"选择图像"下拉列表框中选择"从计算机中选择图像"选项，如图9-20所示。

图 9-19　启用"妆容迁移"滤镜　　　　　　图 9-20　选择相应的选项

步骤03 执行操作后，弹出"打开"对话框，选择相应的素材图像，如图9-21所示，单击"使用此图像"按钮，上传参考图像。

步骤04 返回Neural Filters面板，单击"确定"按钮，即可将参考图像中的人物妆容效果应用到原素材图像中，从而改变人物的妆容效果，如图9-22所示。

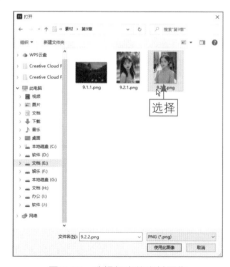

图 9-21　选择相应的素材图像　　　　　　图 9-22　改变人物的妆容效果

9.2.3　增强头发的纹理感

预设是Camera Raw中一个非常实用的功能，它是由专业人员精心制作的一系列色调调整参数集合。通过使用Camera Raw中的预设，可以快速增强人像照片中头发的纹理感，从而提升整张照片的质感和细节表现，具体操作方法如下。

步骤01 在菜单栏中选择"滤镜"|"Camera Raw 滤镜"命令，打开 Camera Raw 窗口，在右侧的工具栏中单击"预设"按钮 ◉，如图 9-23 所示。

步骤02 执行操作后，展开"预设"面板，在"自适应：人像"中选择"纹理头发"选项，可以突出并增强头发的纹理感，效果如图 9-24 所示。完成 Camera Raw 的处理后，单击"确定"按钮确认操作即可。

图 9-23　单击"预设"按钮

图 9-24　选择"纹理头发"选项

182

9.3 AI商业广告设计实战：汽车海报

在商业广告设计中，汽车海报作为一种重要的宣传手段，对塑造品牌形象、展示产品特点及吸引潜在消费者起着至关重要的作用。随着科技的进步和设计理念的不断创新，传统的汽车海报设计已经无法满足现代市场的多样化需求。

因此，结合Photoshop与人工智能技术，可以为汽车海报设计注入新的活力与创意，打造出更具吸引力的汽车海报，突出产品的独特之处，同时营造出符合品牌调性的视觉效果，原图与效果图对比如图9-25所示。

图 9-25 原图与效果图对比

9.3.1 去除图像中多余的元素

在汽车海报的素材图像中，如果画面中有干扰视线的元素，可以使用Photoshop中的移除工具 ✥，一键智能去除这些多余的元素，使汽车海报更加吸引眼球，具体操作方法如下。

扫码看教学视频

步骤01 选择"文件"|"打开"命令，打开一幅素材图像，如图9-26所示。

步骤02 选取移除工具 ✥，在工具属性栏中设置"大小"为100，调整移除工具 ✥的笔触大小，如图9-27所示。

图 9-26　打开一幅素材图像

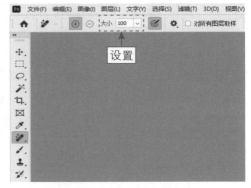

图 9-27　设置"大小"参数

步骤 03 移动鼠标指针至画面中的飞鸟处，按住鼠标左键拖曳，对图像进行涂抹，涂抹过的区域呈淡红色显示，如图9-28所示。

步骤 04 释放鼠标左键，即可去除飞鸟元素。使用相同的操作方法，去除画面中其他的多余元素，为后面添加宣传文字留出空间，效果如图9-29所示。

图 9-28　对飞鸟图像进行涂抹

图 9-29　去除多余元素后的图像效果

9.3.2　替换海报的天空效果

在汽车海报的后期处理中，选择合适的天空样式，可以更好地突出汽车主体对象，让天空的颜色和光影可以与汽车形成良好的对比。使用Photoshop的"天空"命令并结合创成式填充功能，可以在天空中加入戏剧性的晚霞效果，以营造出奇幻的氛围感，具体操作方法如下。

扫码看教学视频

步骤 01 在菜单栏中，选择"选择"|"天空"命令，如图9-30所示。

步骤 02 执行操作后，即可自动选中图像中的天空部分，如图9-31所示。

图 9-30　选择"天空"命令

图 9-31　选中图像中的天空部分

步骤 03 在浮动工具栏中单击"创成式填充"按钮，输入"美丽的晚霞"，并单击"生成"按钮，如图9-32所示。

步骤 04 稍等片刻，即可在天空中生成晚霞图像，效果如图9-33所示。

图 9-32　单击"生成"按钮

图 9-33　生成晚霞图像效果

9.3.3　增强图像的暖色调效果

在汽车海报设计中，色彩的运用至关重要，它不仅能够吸引观众的眼球，还能传达出汽车品牌的独特魅力和情感价值。Photoshop作为一款功能强大的图像处理软件，内置了众多预设效果。

扫码看教学视频

通过应用"暖色调"预设，可以轻松地调整汽车海报的色调和色温，使其呈现出更加温暖、柔和的视觉效果，具体操作方法如下。

步骤 01 在菜单栏中，选择"窗口"|"调整"命令，如图9-34所示。

步骤 02 执行操作后，即可展开"调整"面板，在其中展开"调整预设"选项区域，并单击"更多"按钮，如图9-35所示。

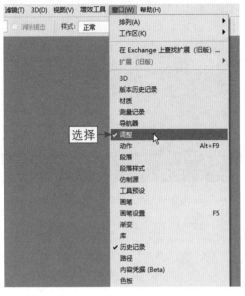

图 9-34 选择"调整"命令

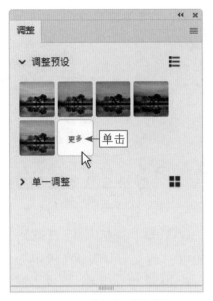

图 9-35 单击"更多"按钮

步骤03 执行操作后，展开"风景"选项区域，选择"暖色调"选项，如图9-36所示。暖色调常常用来营造温馨、舒适和活力的视觉氛围。

步骤04 执行操作后，即可增强画面的暖色调效果，如图9-37所示。

图 9-36 选择"暖色调"选项

图 9-37 增强画面的暖色调效果

★ 专家提醒 ★

用户如果需要连续进行调色操作，完成图像的处理后可以不关闭"调整"面板，这样在打开下一幅素材图像时，会自动展开前面已经选择的预设类型，可以省去很多不必要的操作，提高后期处理的效率。

无论是批量调整多张照片的色彩风格，还是想给某张照片增加某种特定的氛围，利用 Photoshop 中的预设功能都能轻松实现，快速达到理想的色彩效果，再也不用手动逐步调整参数。

步骤 05 选择"文件"|"打开"命令，打开海报文字素材，如图9-38所示。

步骤 06 选取工具箱中的移动工具 ✛，按住文字元素并将其拖至汽车海报图像编辑窗口中的合适位置，为海报添加宣传文字，增强海报的视觉效果和吸引力，如图9-39所示。

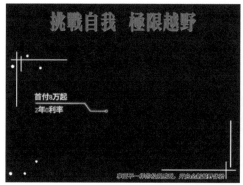

图 9-38　打开海报文字素材　　　　　图 9-39　为海报添加文字效果

本章小结

本章主要通过3个实战案例，深入探讨了如何运用Photoshop进行商业设计实例的制作。首先，在AI风光后期处理实战中，介绍了去除照片中的多余建筑、绘制溪流效果，以及增加图像中天空的层次感等技巧，从而打造出令人惊叹的山水美景；接着在AI人像后期处理实战中，介绍了提升人物肌肤质感、改变妆容效果，以及增强头发纹理感等技巧，使人物照片焕发出美丽与生动；最后，在AI商业广告设计实战中，介绍了去除图像中多余的元素、替换海报天空效果，以及增强图像暖色调效果等技巧，为汽车海报增添了吸引力和活力。

通过对本章的学习和实践，读者不仅可以掌握Photoshop的AI修图功能在商业设计实例制作中的应用技巧，还能够培养自己的实际操作能力和创意思维。

课后习题

鉴于本章知识的重要性，为了帮助读者更好地掌握所学知识，本节将通过课后习题，帮助读者进行简单的知识回顾和补充。

1.将商品白底图变成场景图，原图与效果图对比如图9-40所示。

扫码看教学视频

图 9-40　原图与效果图对比

2.将古建筑照片调为老照片色调，原图与效果图对比如图9-41所示。

扫码看教学视频

图 9-41　原图与效果图对比

【MJ+SD+PS 综合篇】

第10章 综合实战：3大AI工具高效协同创作

随着人工智能技术的飞速发展，Midjourney、Stable Diffusion和Photoshop
等AI工具已经成为设计师们不可或缺的得力助手，它们各自拥有独特的功能和优
势，通过巧妙地结合使用能够创作出令人瞩目的商业广告。本章将聚焦如何利用
这3大AI工具进行高效协同创作，以设计出色的商业作品。

10.1 案例效果欣赏：家居广告

在数字营销时代，家居广告不仅仅是展示产品，更是一种生活方式的传达和品位的展现。传统的家居广告制作往往耗时耗力，且难以快速迭代和优化。然而，随着AI技术的融入，家居广告制作的效率和质量都得到了显著的提升。本章将展示Midjourney、Stable Diffusion和Photoshop等AI工具如何协同创作，从创意构思到最终呈现，高效且高质量地完成家居广告的制作，最终效果如图10-1所示。

图 10-1　效果展示

10.2 使用 Midjourney 生成线稿图

本节将探讨如何使用Midjourney生成家居广告的线稿图。线稿图作为广告设计的初步构思，对整体效果有至关重要的作用。通过Midjourney，用户可以轻松创建出家居场景的线稿图，为后续的色彩填充和细节处理提供基础。

10.2.1 输入主体提示词生成场景图

扫码看教学视频

在广告设计中，场景图的呈现对传达产品特点和营造氛围至关重要。通过Midjourney这一强大的图像生成工具，可以通过输入主体提示词，快速生成家居广告场景图，帮助设计师更好地呈现产品的魅力和价值，具体操作方法如下。

步骤 01 在Midjourney中调出imagine指令，输入相应的提示词，描述了具体的场景和风格，场景为沙发位于一堵单一颜色的墙壁前，同时强调了背景风格的简约性，如图10-2所示。

图 10-2 输入相应的提示词

步骤02 按【Enter】键确认，即可依照提示词的描述生成4张家居场景图，如图10-3所示。

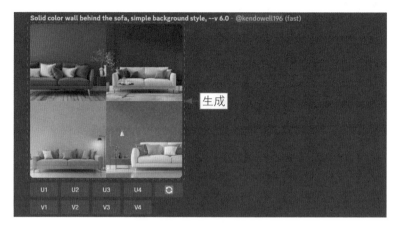

图 10-3 生成4张家居场景图

10.2.2 输入辅助提示词生成线稿图

扫码看教学视频

通过输入适当的辅助提示词，可以引导Midjourney更加精准地捕捉用户的创作意图，并生成符合家居广告主题的线稿图，具体操作方法如下。

步骤01 在Midjourney中使用settings指令调出设置面板，单击Remix mode按钮，即可开启混音模式，如图10-4所示。

图 10-4 开启混音模式

步骤 02 在前面生成的效果图下方，单击V3按钮，如图10-5所示，以基于当前选中图像的构图，重新生成另外4张图片。

步骤 03 执行操作后，弹出Remix Prompt对话框，对提示词进行适当修改，如图10-6所示。

图 10-5　单击 V3 按钮　　　　　　　　图 10-6　适当修改提示词

★ 专 家 提 醒 ★

提示词 Black and white line drawing（黑白线描）表示生成的图像是黑白线条画风格的，通常会给人一种简洁、抽象和手绘的感觉。这意味着墙壁、沙发及可能存在的其他元素都将以简单的黑白线条形式呈现，缺乏色彩和复杂的阴影效果。

步骤 04 单击"提交"按钮，即可生成4张家居线稿图，如图10-7所示。

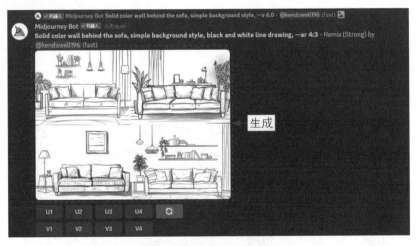

图 10-7　生成 4 张家居线稿图

步骤 05 单击U3按钮，放大第3张图片，效果如图10-8所示。

图 10-8　放大第 3 张图片

10.3　使用 Stable Diffusion 生成细节图

家居广告细节图对于展现产品质感和营造氛围至关重要。通过Stable Diffusion，可以轻松生成高质量的家居广告细节图，将家居产品的纹理、材质和光影效果展现得淋漓尽致。无论是精致的家具细节、温馨的家居布置，还是奢华的空间氛围，Stable Diffusion都能以惊人的真实感将其呈现出来。

本节将探讨如何使用Stable Diffusion生成家居广告细节图，为广告作品增添更多细节和真实感。

10.3.1　使用ControlNet插件给线稿上色

扫码看教学视频

在数字艺术与设计领域中，色彩是传达情感、营造氛围及增强视觉效果的关键因素。对于家居广告，一张精美的线稿图，虽然能够勾勒出家居产品的形态与空间布局，但缺少了色彩的加持，往往难以完全展现其魅力。这时，Stable Diffusion中的ControlNet插件便成了得力助手。

ControlNet插件能够根据线稿图中的线条与形状，智能地为家居广告上色。通过ControlNet插件，可以轻松调整色彩搭配、光影效果及材质质感，使家居广告在视觉上更加吸引人，具体操作方法如下。

步骤01 进入"文生图"页面，选择一个写实类的大模型，输入相应的提示词，指定生成图像的画面内容，如图10-9所示。

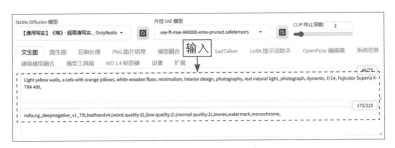

图 10-9　输入相应的提示词

步骤02 展开ControlNet选项区域，上传一张原图，分别选中"启用"复选框、"完美像素模式"复选框、"允许预览"复选框，自动匹配合适的预处理器和分辨率，并预览预处理结果，如图10-10所示。

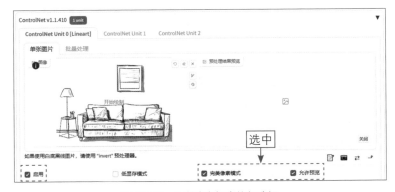

图 10-10　分别选中相应的复选框

步骤03 在ControlNet选项区域下方，选中"Lineart（线稿）"单选按钮，如图10-11所示，系统会自动选择相应的预处理器和模型，用于检测出原图中的线稿。

图 10-11　选中"Lineart（线稿）"单选按钮

步骤 04 单击Run preprocessor按钮 ✖，即可提取原图的线稿，生成相应的黑白线稿图，如图10-12所示。

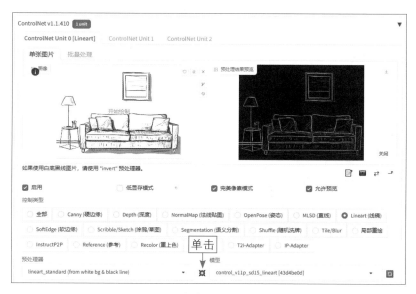

图 10-12　生成相应的黑白线稿图

步骤 05 对生成参数进行适当设置，主要选择一种写实风格的采样方法，并将图像尺寸设置为与原图一致，如图10-13所示。

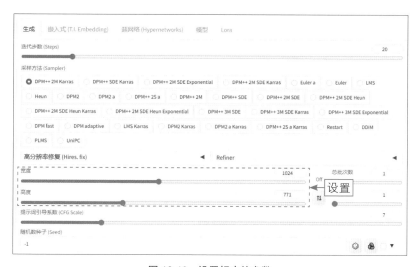

图 10-13　设置相应的参数

步骤 06 单击"生成"按钮，即可生成相应的新图，跟原图的构图和布局基本一致，效果如图10-14所示。

图 10-14　生成相应的新图

10.3.2　运用后期处理功能放大效果图

利用Stable Diffusion的后期处理功能，可以对家居广告效果图进
行放大处理，以获得更加出色的广告图像，具体操作方法如下。

扫码看教学视频

步骤 01 在生成的效果图预览区下方，单击"发送图像和生成参数到后期处
理选项卡"按钮，如图10-15所示。

图 10-15　单击"发送图像和生成参数到后期处理选项卡"按钮

步骤 02 执行操作后，即可将图像发送到"后期处理"页面的"单张图片"
选项卡中，如图10-16所示。

图 10-16　将图像发送到"后期处理"页面

步骤 03 在页面下方的"放大算法1"下拉列表框中选择R-ESRGAN 4x+选项，这是一种适合写实类图像的放大算法，如图10-17所示。

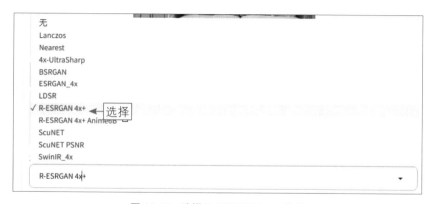

图 10-17　选择 R-ESRGAN 4x+ 选项

步骤 04 在"缩放倍数"选项卡中，设置"缩放比例"为2，表示将图像放大两倍，如图10-18所示。

图 10-18　设置"缩放比例"参数

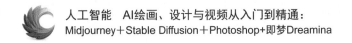

步骤 05 单击"生成"按钮，即可生成相应的图像，保持原图画面内容不变的同时，并其放大两倍，效果如图10-19所示。

图 10-19　放大图像

10.4　使用 Photoshop 进行综合设计

本节将使用Photoshop对家居广告进行综合设计，包括修复图像瑕疵、扩展图像画布等，轻松提升家居广告的画面质量，为消费者呈现更加完美的视觉效果。

10.4.1　智能修复图像中的瑕疵

扫码看教学视频

下面主要使用Photoshop中的移除工具 进行智能修图处理，它能够根据图像周围像素的颜色和纹理，自动匹配并修复瑕疵区域，使修复后的图像看起来更加自然、和谐，具体操作方法如下。

步骤 01 选择"文件"|"打开"命令，打开前面生成的家居广告图像，选取工具箱中的移除工具 ，如图10-20所示。

步骤 02 在工具属性栏中设置"大小"为20，调整移除工具 的笔触大小，如图10-21所示。

图 10-20　选取移除工具

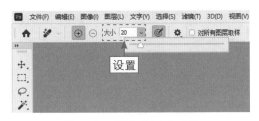

图 10-21　设置"大小"参数

步骤 03 移动鼠标指针至画面中的瑕疵位置，按住鼠标左键拖曳，对图像进行涂抹，涂抹过的区域呈淡红色显示，如图10-22所示。

步骤 04 释放鼠标左键，即可修复图像瑕疵。然后使用相同的操作方法，去除图像中的装饰画，效果如图10-23所示。

图 10-22　对瑕疵图像进行涂抹

图 10-23　修复瑕疵后的图像效果

10.4.2　智能扩展图像画布内容

扫码看教学视频

与传统的图像放大方法相比，Photoshop的创成式填充功能生成的图像更加自然、逼真，几乎无法察觉到处理痕迹。下面将使用创成式填充功能智能扩展图像画布内容，补全画面细节，具体操作方法如下。

步骤 01 选取工具箱中的裁剪工具 ，此时图像四周出现裁剪控制框，拖曳左右两侧的控制柄，适当扩展图像的画布宽度，并裁掉图像上方多余的部分，如图10-24所示，按【Enter】键确认裁剪操作。

步骤 02 选取工具箱中的矩形选框工具 ，在空白画布上创建两个矩形选区，在浮动工具栏中单击"创成式填充"按钮，如图10-25所示。

图 10-24　扩展图像的画布宽度

图 10-25　单击"创成式填充"按钮

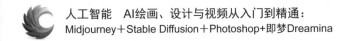

步骤 03 执行操作后，在浮动工具栏中单击"生成"按钮，即可在空白的画布中生成相应的图像内容，效果如图10-26所示。

步骤 04 展开"调整"面板，在"调整"面板中选择"创意"|"凸显色彩"选项，如图10-27所示，可以一键提升画面的色彩饱和度。

图 10-26　生成相应的图像内容

图 10-27　选择"凸显色彩"选项

步骤 05 执行操作后，图像的色彩变得更加生动、醒目，效果如图10-28所示。

步骤 06 选择"文件"|"打开"命令，打开广告文案素材，运用移动工具 ✛ 将其拖至家居广告图像编辑窗口中的合适位置，为广告添加文案，用简洁明了的语言传递出产品的核心价值，同时还可以使广告图像更加生动，效果如图10-29所示。

图 10-28　调整图像的色彩效果

图 10-29　为广告添加文案效果

【即梦 Dreamina 篇】

第 11 章 专业提升：即梦 AI 文生视频与图生视频

　　剪映旗下的即梦（曾用名Dreamina）不仅支持图片生成，还提供了视频生成功能，使用户能够将文字描述转换成视频，或利用图片作为基础生成视频内容。本章将作为一个AI技能的专业提升，引导大家了解如何使用即梦平台，释放你的创造力，玩转AI短视频。

11.1 掌握即梦的文生视频功能

即梦平台的文生视频（又称为文本生视频）功能以其简洁直观的操作界面和强大的AI算法，为用户提供了一种全新的视频创作体验。不同于传统的视频制作流程，用户无需精通视频编辑软件或拥有专业的视频制作技能，只需通过简单的文字描述，即可激发AI的创造力，生成一段段引人入胜的视频内容。

在这个创新的过程中，文字描述扮演着至关重要的角色。用户的文字不仅是视频内容的蓝图，更是AI理解用户意图和创作方向的关键。文字描述的准确性、创造性和情感表达，直接影响着最终视频的质量和感染力。

本节主要介绍文生视频的描述技巧，用户在输入描述词时，应该尽量清晰、具体，同时富有想象力，以引导AI创造出符合预期的视频效果。

11.1.1 通过描述词生成视频

文生视频功能将文生图的概念扩展到了动态视觉艺术领域，用户可以输入一系列描述性的语句（即描述词），AI会将这些语句转化为一个视频片段。即梦的描述词主要分为主体、场景、视觉细节、动作、技术和风格等类型，相关介绍如下。

扫码看教学视频

1. 主体

在视频创作的世界里，每个场景都是一个独立的故事，由一个或多个核心元素——即主体来驱动。主体和主题是相互依存的，一个有力的主体可以帮助表达和强化主题，而一个深刻的主题可以提升主体的表现力。

主体不仅能够为视频注入灵魂，还为观众提供了视觉焦点和情感共鸣的源泉。表11-1所示为常见的视频主体示例。

表 11-1 常见的视频主体示例

类　　别	示　　例
人物	名人、模特、演员、公众人物
动物	宠物（猫、狗）、野生动物、地区标志性动物
自然景观	山脉、海滩、森林、瀑布
城市风光	城市天际线、地标建筑、街道、广场
交通工具	汽车、飞机、火车、自行车、船只
食物和饮料	美食制作过程、餐厅美食、饮料调制
产品展示	电子产品、时尚服饰、化妆品、家居用品

上述这些主体不仅丰富了视频的内容，也为用户提供了广阔的创作空间。通过巧妙地结合这些主体，用户可以构建出多样化的视频场景，讲述各种引人入胜的故事，满足不同观众的期待和喜好。

2. 场景

在AI视频的描述词中，用户可以详细地描绘一个特定的场景，这不仅包括场景的物理环境，还涵盖了情感氛围、色彩调性、光线效果以及动态元素。通过精心设计的描述词，AI能够生成与用户构想相匹配的视频内容。

通过精心构思的场景描述词，AI能够理解并实现用户想要表达的故事和视觉效果，同时生成相应的视频效果。描述词可以涵盖场景的细节、角色的特征、情感的基调以及视觉风格等多个方面，确保AI能够精确捕捉用户的创意意图。

3. 视觉细节

精心构建的视觉细节描述词至关重要，它们能够为AI提供丰富的信息，帮助其精确捕捉并重现用户心中的场景、人物或物体。表11-2所示为一些可以包含在描述词中的视觉细节。

表 11-2 描述词中的视觉细节

类　　别		示　　例
场景特征细节	环境背景	可以是宁静的海滩、繁忙的都市街道、古老的城堡内部或遥远的外星世界
	色彩氛围	描述场景的整体色彩，如温暖的日落色调、冷冽的冬季蓝或充满活力的春天绿
	光线条件	光线可以是柔和的晨光、刺眼的正午阳光或昏暗的室内灯光
人物特征细节	外观描述	包括人物的发型、服装风格、面部特征等
	表情细节	人物的表情可以是快乐、悲伤、惊讶或深思，这些表情将影响人物的情感传达
	动作特点	人物的动作可以是优雅的舞蹈、紧张的奔跑或平静的站立等
物体特征细节	形状和大小	物体可以是圆形、方形或不规则的形状，大小可以是小巧精致或庞大壮观
	颜色和纹理	物体的颜色可以是鲜艳夺目或柔和淡雅，纹理可以是光滑、粗糙或有特殊图案

通过这些详细的视觉细节描述词，AI能够生成符合用户期望的视频内容，不仅在视觉上吸引人，而且在情感上与观众产生共鸣。这种高度定制化的视频创作方式，使得AI成为一个强大的创意工具，适用于各种视频制作需求。

4. 动作

在AI视频生成的描述词中，详细描述人物、动物或物体的动作和活动是至关重要的，因为这些动态元素能够为视频场景注入生命力，创造出引人入胜的故事。

在AI视频创作的世界里，描述词的作用就像是一位导演，指导着场景中每一个动作和活动的展开。下面是一些可以包含在描述词中的动作描述，用于丰富视频内容并增强动态感，如表11-3所示。

表 11-3　描述词中的动作描述

类　别		示　例
人物动作	行走	人物在繁忙的街道上快步行走，或是在宁静的森林小径上悠闲漫步
	踏雪	在冬日的雪地中，人物的每一步都留下深深的足迹，呼出的气息在冷空气中形成白雾
动物活动	奔跑	野生动物在广阔的草原上自由奔跑，展示它们的速度和力量
	嬉戏	海豚在海浪中欢快地跳跃，或是小狗在草地上追逐
物体动态	拍打海浪	海浪不断拍打着岸边的岩石，发出响亮而节奏感强烈的声响
	旋转	山顶的风车在微风中缓缓旋转，或是摩天轮在夜幕下闪烁着灯光

通过这些详细的动作和活动描述，AI能够生成具有丰富动态元素的视频，让观众感受到场景的活力和情感。这样的视频不仅仅是视觉上的享受，更能引起情感上的共鸣，能够讲述一个个生动而真实的故事。

通过对动作的描述，AI能够为用户提供一个高度动态和情感丰富的视频创作体验，无论是用于讲述故事、记录生活还是展示产品，都能够创造出具有吸引力和感染力的视频作品。

5. 技术和风格

在AI视频的生成过程中，描述词不仅定义了视频的内容和主题，还决定了视频的技术和风格，从而影响最终的视觉呈现和观众的感受。

在AI视频的描述词中，用户可以细致地指定各种摄影视角和技巧，这些选择将极大地增强场景的吸引力和视觉冲击力。表11-4所示为一些可以用于增强视频吸引力的技术和风格描述词。

通过这些详细的技术和风格描述词，AI能够生成具有高度创意和专业水准的视频内容，满足用户的艺术愿景，并为观众带来引人入胜的视觉体验。

表 11-4　技术和风格描述词

类　别		示　例
摄影技巧	无人机拍摄	利用无人机从空中捕捉场景，提供宽阔的视角和令人震撼的航拍画面
	广角拍摄	捕捉更广阔的视野，增加场景的深度和空间感

续表

类　　别		示　　例
分辨率和帧率	高分辨率	指定视频的分辨率，如4K或8K，以确保图像的极致清晰度和细节表现力
	高帧率	设定视频的帧率，如60帧每秒或更高，以获得流畅的动态效果，特别适合动作场面和需要慢动作回放的场景
摄影技术	创意摄影	采用创意摄影技术，比如使用慢动作来强调情感瞬间，或延时摄影来展示时间的流逝
	景深控制	通过控制景深，创造出不同的视觉效果，如浅景深突出主体，或大景深展现环境
艺术风格	3D与现实结合	融合3D（Three Dimensional，三维）动画和实景拍摄，创造出既真实又梦幻的视觉效果
	35毫米胶片拍摄	模仿传统35毫米胶片的质感和色彩，为视频带来复古和文艺的气息
特效风格	电影风格	应用电影级别的色彩分级和调色，使视频具有专业和戏剧性的外观
	抽象艺术	使用抽象的视觉元素和动态效果，创造出引人入胜的艺术作品

　　文生视频功能不仅能够根据文字描述生成静态图像，还能够智能地添加过渡效果和动画，让整个视频流畅且富有表现力，效果如图11-1所示。

扫码看案例效果

图11-1　效果展示

下面介绍通过描述词生成视频的操作方法。

步骤01 进入即梦的官网首页，在"AI视频"选项区中，单击"视频生成"按钮，如图11-2所示。

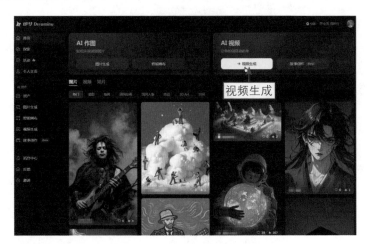

图 11-2　单击"视频生成"按钮

★ 专家提醒 ★

需要注意的是，普通用户下载的视频会带有即梦 Dreamina 的文字水印，用户可以开通即梦会员，下载无水印的视频效果。

步骤02 执行操作后，进入"视频生成"页面，切换至"文本生视频"选项卡，输入相应的描述词，用于指导AI生成特定的视频，如图11-3所示。

步骤03 单击"生成视频"按钮，即可开始生成视频，并显示视频的生成进度，如图11-4所示。

图 11-3　输入相应的描述词

步骤04 稍等片刻，即可生成相应的视频效果，单击视频预览窗口右下角的"下载"按钮 ，如图11-5所示，即可下载视频。

图 11-4　显示生成进度　　　　　　　　图 11-5　单击"下载"按钮

11.1.2　设置文生视频的画面比例

在"视频生成"页面的"文本生视频"选项卡中，用户可以根据自己的需求选择视频比例，这些参数是预先设定好的，主要包括3种类型：横幅视频、方幅视频和竖幅视频。

扫码看教学视频

用户在输入了视频的文字描述之后，可以根据视频内容和目标发布平台的特点，选择合适的视频比例。横幅视频适用于传统的宽屏观看体验，方幅视频则适合社交媒体平台，而竖幅视频则迎合了移动设备上的观看习惯。

例如，方幅视频的宽度和高度相等，比例为1∶1，形成了一个完美的正方形，这种对称性在视觉上非常吸引人。方幅视频的框架限制了画面的宽度，迫使观众的注意力集中在画面中心，有助于突出主题和细节，效果如图11-6所示。

扫码看案例效果

图 11-6　效果展示

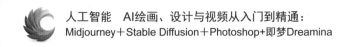

下面介绍设置文生视频的画面比例的操作方法。

步骤 01 进入"视频生成"页面，切换至"文本生视频"选项卡，输入相应的描述词，用于指导AI生成特定的视频，如图11-7所示。

步骤 02 展开"视频设置"选项区，在"视频比例"菜单中选择1∶1选项，如图11-8所示，让AI生成方幅视频。

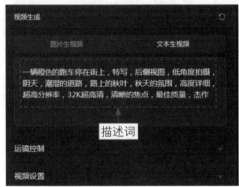

图 11-7　输入相应的描述词

图 11-8　选择 1∶1 选项

步骤 03 单击"生成视频"按钮，即可开始生成视频，并显示视频的生成进度，如图11-9所示。

步骤 04 稍等片刻，即可生成相应格式的视频效果，如图11-10所示。

图 11-9　显示生成进度

图 11-10　生成相应的视频效果

11.2　掌握即梦的图生视频功能

本节主要介绍即梦平台的图生视频（又称为图片生视频）功能，允许用户上传一张或两张图片，AI会将这些静态图像转化为一段视频，非常适合那些需要将静态作品做成视频集锦的用户。

★ 专 家 提 醒 ★

　　图生视频功能的核心在于应用深度学习和计算机视觉的原理。深度学习，作为人工智能的一个重要分支，模仿人脑的神经网络结构，通过机器学习算法对大量数据进行分析和学习。在视频生成的领域，深度学习模型经过训练，能够预测视频序列中下一帧的像素分布，实现视频内容的连贯生成。

　　计算机视觉技术的加入，使得AI能够识别和处理图像内容，进一步增强了深度学习模型对视频内容的理解和生成能力。通过这些技术的结合，图生视频功能能够分析用户输入的图像，智能地生成具有流畅动态效果的视频，为艺术创作和多媒体展示提供了新的可能性。

11.2.1　通过一张图片生成视频

扫码看教学视频

　　单图快速实现图生视频是一种高效的AI视频生成技术，它允许用户仅通过一张静态图片迅速生成视频内容，效果如图11-11所示。

扫码看案例效果

图 11-11　效果展示

下面介绍通过一张图片生成视频的操作方法。

步骤01 进入"视频生成"页面，默认为"图片生视频"选项卡，单击"上传图片"按钮，如图11-12所示。

步骤02 弹出"打开"对话框，选择相应的参考图，如图11-13所示。

图 11-12　单击"上传图片"按钮　　　　　图 11-13　选择相应的参考图

步骤03 单击"打开"按钮，即可上传参考图，如图11-14所示。

步骤04 展开"视频设置"选项区，设置"运动速度"为"慢速"，如图11-15所示，可以让观众更清楚地看到视频的细节，增加视觉冲击力。

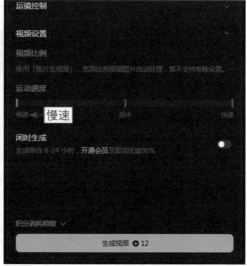

图 11-14　上传参考图　　　　　　　图 11-15　设置"运动速度"选项

步骤05 单击"生成视频"按钮，即可开始生成视频，并显示视频的生成进度，如图11-16所示。

步骤06 稍等片刻，即可生成相应的视频效果，如图11-17所示。

图 11-16　显示生成进度　　　　　图 11-17　生成相应的视频效果

11.2.2　通过两张图片生成视频

扫码看教学视频

　　在即梦的"图片生视频"选项卡中，开启"使用尾帧"功能后，用户可以设置视频的起始帧（即首帧）和结束帧（即尾帧），让AI在两者之间生成平滑的过渡和动态效果。这种方法为用户提供了精细控制视频动态过程的能力，尤其适合制作复杂的视频，效果如图11-18所示。

扫码看案例效果

图 11-18　效果展示

211

★ 专家提醒 ★

在即梦平台中，尾帧可以与首帧配合使用，让AI自动生成中间帧，从而简化视频动画的制作流程。同时，使用尾帧可以创建平滑的过渡效果，比如物体从画面的一边移动到另一边，或者场景的变化。

下面介绍通过两张图片生成视频的操作方法。

步骤01 进入"视频生成"页面中的"图片生视频"选项卡，单击"上传图片"按钮，弹出"打开"对话框，选择相应的参考图，如图11-19所示。

步骤02 单击"打开"按钮，即可上传参考图，如图11-20所示，将其作为AI视频的起始帧。

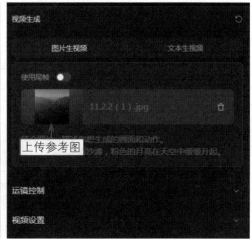

图 11-19　选择相应的参考图　　　　　图 11-20　上传参考图

步骤03 开启"使用尾帧"功能，如图11-21所示，尾帧允许用户精确定义视频结束时的确切画面，给予对视频最终视觉效果的完全控制。

步骤04 单击"上传尾帧图片"按钮，如图11-22所示，上传一张参考图，作为AI视频的结束帧。

步骤05 输入相应的描述词，用于指导AI生成特定的视频，如图11-23所示。

步骤06 展开"视频设置"选项区，设置"运动速度"为"快速"，如图11-24所示，快速的镜头运动可以为视频增加一种紧迫感。

步骤07 单击"生成视频"按钮，即可开始生成视频，并显示视频的生成进度，如图11-25所示。

步骤08 稍等片刻，即可生成相应的视频效果，如图11-26所示。

图 11-21　开启"使用尾帧"功能

图 11-22　单击"上传尾帧图片"按钮

图 11-23　输入相应的描述词

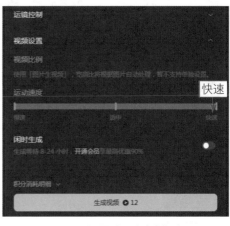

图 11-24　设置"运动速度"选项

图 11-25　显示生成进度

图 11-26　生成相应的视频效果

213

11.2.3　设置AI视频的运镜类型

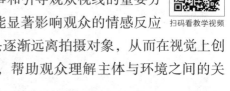
扫码看教学视频

在视频制作的艺术中，运镜是讲述故事和引导观众视线的重要方法。运镜不仅决定了视频的视觉风格，还能显著影响观众的情感反应和对内容的理解。例如，拉远运镜是指镜头逐渐远离拍摄对象，从而在视觉上创造出一种从主体向背景或环境扩展的效果，帮助观众理解主体与环境之间的关系，效果如图11-27所示。

扫码看案例效果

图 11-27　效果展示

下面介绍设置AI视频的运镜类型的操作方法。

步骤 01 进入"视频生成"页面中的"图片生视频"选项卡，单击"上传图片"按钮，弹出"打开"对话框，选择相应的参考图，如图11-28所示。

步骤 02 单击"打开"按钮，即可上传参考图，如图11-29所示。

图 11-28　选择相应的参考图　　　　图 11-29　上传参考图

步骤03 展开"运镜控制"选项区，在"运镜类型"列表框中选择"拉远"选项，如图11-30所示。

步骤04 展开"视频设置"选项区，设置"运动速度"为"快速"，如图11-31所示，快速地拉镜头可能会带来突然的变化或强调某个特定的效果。

图 11-30 选择"拉远"选项

图 11-31 设置"运动速度"选项

步骤05 单击"生成视频"按钮，即可开始生成视频，并显示视频的生成进度，如图11-32所示。

步骤06 稍等片刻，即可生成相应的视频效果，如图11-33所示。

图 11-32 显示生成进度

图 11-33 生成相应的视频效果

★ 专家提醒 ★

拉远运镜有助于展示主体周围的环境，由小变大，让观众看到更广阔的场景。

本章小结

本章主要向读者介绍了即梦AI视频生成工具的应用技巧，包括利用文本和图像生成视频内容。本章的学习不仅提升了读者对即梦AI视频工具的操作熟练度，也加深了对视频创作过程中创意转化和视觉叙事的理解。通过本章的实践，读者能够更加自信地运用AI技术，创作出专业级别的视频作品。

课后习题

鉴于本章知识的重要性，为了帮助读者更好地掌握所学知识，本节将通过课后习题，帮助读者进行简单的知识回顾和补充。

1. 在使用即梦的文生视频功能时，描述词要如何写？

2. 使用即梦生成一个空镜头视频，效果如图11-34所示。

扫码看案例效果

扫码看教学视频

图 11-34 效果展示

第 12 章　高手实战：探索即梦 AI 视频的创新可能

　　在数字媒体的浪潮中，即梦的 AI 生成视频技术不仅极大地简化了视频创作的流程，还为创意表达开辟了全新的维度。本章将通过 3 个具体的 AI 视频实战案例，探索如何利用即梦将静态图像、文字描述甚至想象中的场景转化为生动的视频内容。

12.1　AI 电影预告片实战：急速飞车

在电影产业中，预告片是吸引观众、激发观影欲望的重要工具。随着人工智能技术的飞速发展，AI生成电影预告片段已成为可能，为视频编辑和创意制作开辟了新天地。通过AI的力量可以创造出精彩的电影预告片，效果如图12-1所示。

扫码看案例效果

图 12-1　效果展示

★ 专家提醒 ★

即梦提供了多种镜头运动、视频比例和运动速度的选项，使用户可以根据创作需求定制视频效果。即梦 AI 在处理动态效果方面表现出色，无论是人物动作还是物体运动，都能生成自然流畅的视频。

下面介绍用即梦生成电影预告片的操作方法。

步骤 01 进入"视频生成"页面中的"图片生视频"选项卡，单击"上传图片"按钮，弹出"打开"对话框，选择相应的参考图，如图12-2所示。

步骤 02 单击"打开"按钮，即可上传参考图，如图12-3所示。

步骤 03 开启"使用尾帧"功能，如图12-4所示，将前面上传的参考图作为视频的起始帧。

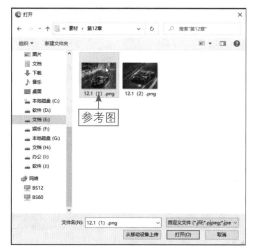

图 12-2　选择相应的参考图

图 12-3　上传参考图

步骤04 单击"上传尾帧图片"按钮，上传一张参考图，作为AI视频的结束帧，如图12-5所示。

图 12-4　开启"使用尾帧"功能

图 12-5　上传尾帧图片

步骤05 输入相应的描述词，用于指导AI生成特定的视频，如图12-6所示。

步骤06 展开"运镜控制"选项区，设置"运镜类型"为"推近"，如图12-7所示，推近镜头可以突出视频中的特定对象，将观众的注意力集中到场景的细节上。

图 12-6 输入相应的描述词

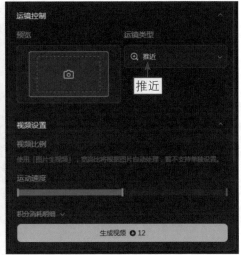

图 12-7 设置"运镜类型"选项

步骤 07 单击"生成视频"按钮，即可开始生成视频，并显示生成进度，如图12-8所示。

步骤 08 稍等片刻，即可生成相应的视频效果，如图12-9所示。

图 12-8 显示生成进度

图 12-9 生成相应的视频效果

★ 专 家 提 醒 ★

通过即梦生成视频后，用户还可以单击"延长3s"按钮，延长视频时长，这对于填补内容空白、增加叙事深度或仅仅为了满足特定平台的视频长度要求非常有用。在延长视频的同时，AI会确保新增内容与原有画面同步，保持整体协调。

12.2 AI 游戏视频实战：仙缘神游

扫码看教学视频

本节主要运用即梦来打造一部古风RPG类的游戏CG视频，通过AI算法来实现逼真的动画效果和流畅的镜头运动，将游戏的世界观和情感深度生动地呈现给观众，效果如图12-10所示。

扫码看案例效果

图 12-10　效果展示

★ 专家提醒 ★

RPG（Role Playing Game，角色扮演游戏）是一种游戏类型，玩家在游戏中扮演一个或多个角色，通常在一个虚构的世界中进行冒险和完成任务。RPG 游戏往往提供丰富的背景故事和世界观，让玩家沉浸在游戏世界中。

CG（Computer Graphics，计算机图形学）视频是一种展示游戏故事背景、角色设定和视觉风格的有效手段，一般在游戏宣传以及游戏过程中衔接剧情时使用，对于游戏的细致描述和剧情起到升华的作用。

下面介绍用即梦生成游戏视频的操作方法。

步骤 01 进入"视频生成"页面中的"图片生视频"选项卡，单击"上传图片"按钮，弹出"打开"对话框，选择相应的参考图，如图12-11所示。

步骤 02 单击"打开"按钮，即可上传参考图，输入相应的描述词，用于指导AI生成特定的视频，如图12-12所示。

图 12-11　选择相应的参考图

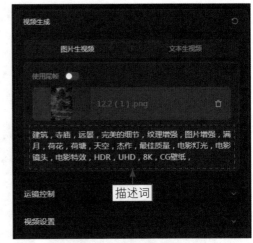

图 12-12　输入相应的描述词

步骤 03 单击"生成视频"按钮，即可生成相应的视频效果，单击"重新编辑"按钮，如图12-13所示。

步骤 04 返回"图片生视频"选项卡，单击参考图右侧的"删除"按钮，如图12-14所示。

图 12-13　单击"重新编辑"按钮

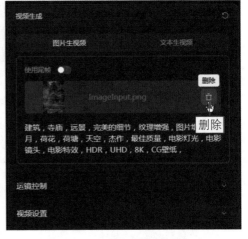

图 12-14　单击"删除"按钮

步骤 05 执行操作后，删除参考图，单击"上传图片"按钮，如图12-15所示。

步骤 06 执行操作后，在弹出的"打开"对话框中，重新选择另一张参考图，如图12-16所示。

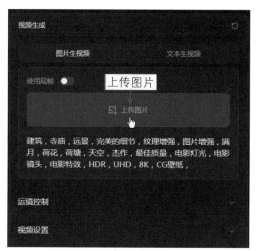

图 12-15 单击"上传图片"按钮

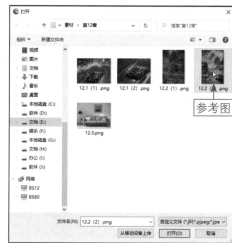

图 12-16 重新选择相应的参考图

步骤07 单击"打开"按钮，即可上传新的参考图，如图12-17所示。

步骤08 适当修改描述词，用于指导AI生成特定的视频，如图12-18所示。

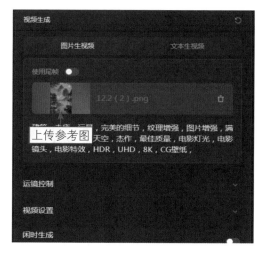

图 12-17 上传新的参考图

图 12-18 适当修改描述词

步骤09 展开"运镜控制"选项区，在"运镜类型"列表框中选择"拉远"选项，如图12-19所示，可以增加场景的深度感，使观众感受到场景的立体层次。

步骤10 展开"视频设置"选项区，设置"运动速度"为"慢速"，如图12-20所示，减缓整个视频的节奏。

223

图 12-19　选择"拉远"选项　　　　　图 12-20　设置"运动速度"选项

步骤11 单击"生成视频"按钮，即可开始生成视频，并显示生成进度，如图12-21所示。

步骤12 稍等片刻，即可生成相应的视频效果，如图12-22所示。

图 12-21　显示生成进度　　　　　图 12-22　生成相应的视频效果

★ 专家提醒 ★

需要注意的是，本案例的最终效果是利用剪映完成剪辑和合成的，并在此期间加入了相应的背景音乐与音效。

12.3 AI电商视频实战：家居广告

前面使用了Midjourney、Stable Diffusion和Photoshop这3大AI工具做了一个家居广告的综合案例，本节将在此基础上，利用即梦来生成一个家居广告的电商视频，让广告内容覆盖更多的受众，效果如图12-23所示。

图 12-23　效果展示

下面介绍用即梦生成电商视频的操作方法。

步骤 **01** 进入即梦的官网首页，在"AI作图"选项区中，单击"图片生成"按钮，如图12-24所示。

图 12-24　单击"图片生成"按钮

步骤 **02** 执行操作后，进入"图片生成"页面，单击"导入参考图"按钮，如图12-25所示。

225

步骤03 执行操作后，弹出"打开"按钮，选择相应的参考图，如图12-26所示。

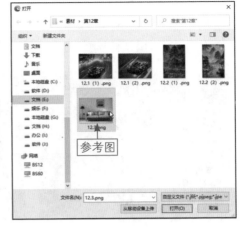

图 12-25　单击"导入参考图"按钮　　　　　图 12-26　选择相应的参考图

步骤04 单击"打开"按钮，弹出"参考图"对话框，添加相应的参考图，单击"生图比例"按钮，如图12-27所示。

步骤05 执行操作后，弹出"图片比例"面板，选择4:3选项，如图12-28所示。

图 12-27　单击"生图比例"按钮　　　　　图 12-28　选择 4：3 选项

★ 专家提醒 ★

即梦的图生图功能允许用户输入一张图片，并通过添加文本描述的方式输出修改后的新图片。使用即梦的图生图功能时，用户可以设置一定的参考内容，包括主体、人物长相、边缘轮廓、景深、人物姿势等，从而引导 AI 描绘出自己的心中所想。

步骤 06 执行操作后，即可将参考图的生图比例调整为横图，如图12-29所示。

步骤 07 选中"主体"单选按钮，系统会自动识别并选中图像中的主体对象，如图12-30所示。

图 12-29 将生图比例调整为横图　　　　图 12-30 选中"主体"单选按钮

步骤 08 单击"保存"按钮，进入"图片生成"页面，输入相应的描述词，用于指导AI生成特定的图像，如图12-31所示。

步骤 09 单击"比例"选项右侧的■按钮，展开"比例"选项区，选择4∶3选项，如图12-32所示，将画面尺寸调整为横图。

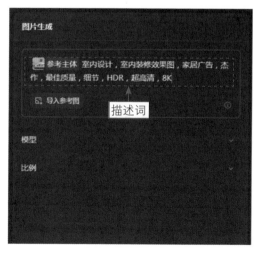

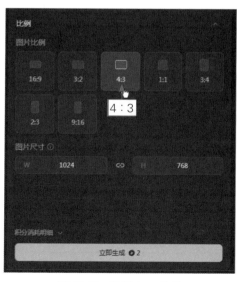

图 12-31 输入相应的描述词　　　　图 12-32 选择 4∶3 选项

步骤 10 单击"立即生成"按钮，即可生成相应比例的图像，如图12-33所示。

步骤**11** 选择合适的图像，单击下方的"下载"按钮 ，如图12-34所示，即可下载所选的单张图片。

图 12-33　生成相应的图像效果　　　　　　图 12-34　单击"下载"按钮

步骤**12** 进入"视频生成"页面中的"图片生视频"选项卡，单击"上传图片"按钮，弹出"打开"对话框，选择相应的参考图，如图12-35所示。

步骤**13** 单击"打开"按钮，即可上传参考图，输入相应的描述词，用于指导AI生成特定的视频，如图12-36所示。

图 12-35　选择相应的参考图　　　　　　　图 12-36　输入相应的描述词

步骤**14** 展开"运镜控制"选项区，在"运镜类型"列表框中选择"推近"选项，如图12-37所示。

步骤15 展开"视频设置"选项区，设置"运动速度"为"慢速"，如图12-38所示，通过慢慢接近拍摄对象，可以突出画面中的某个特定元素，使其成为观众注意的焦点。

图 12-37　选择"推近"选项　　　　图 12-38　设置"运动速度"选项

★ 专家提醒 ★

慢速推镜头可以引导观众的情感，逐渐深入地感受角色的内心世界或场景的情感氛围。虽然镜头的运动速度被放慢，但推镜头的逼近效果可以逐渐建立紧张感或期待感，为即将发生的事件创造悬念。

步骤16 单击"生成视频"按钮，即可开始生成视频，并显示生成进度，如图12-39所示。

步骤17 稍等片刻，即可生成相应的视频效果，如图12-40所示。

图 12-39　显示生成进度　　　　图 12-40　生成相应的视频效果

本章小结

本章主要向读者介绍了即梦AI视频工具的高级应用，以及AI技术在视频创作中的实际价值。无论是电影预告片的紧张刺激感，还是游戏视频的叙事魅力，以及电商广告的吸引力，AI都展现出了其在提升创作效率和增强视觉表现力方面的巨大潜力。通过对本章的学习，读者能够更好地使用即梦创作娱乐和商业视频作品。

课后习题

鉴于本章知识的重要性，为了帮助读者更好地掌握所学知识，本节将通过课后习题，帮助读者进行简单的知识回顾和补充。

1. 即梦"视频生成"页面中的"推近"运镜类型有什么用？

2. 使用即梦生成一个小猫的动物视频，效果如图12-41所示。

图 12-41　效果展示

扫码看案例效果　　扫码看教学视频

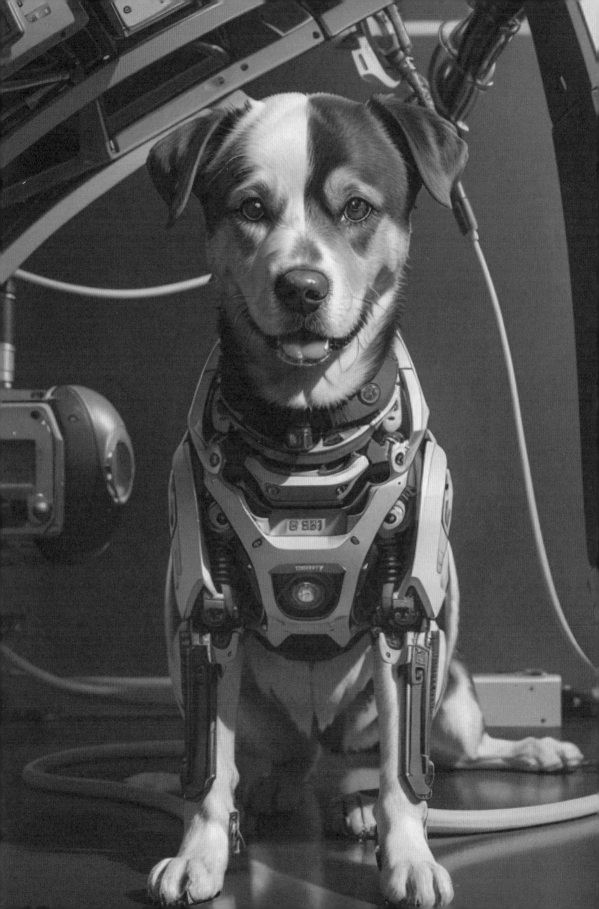